高等院校信息技术规划教材

计算机
操作系统原理

刘华文　段正杰　编著

清华大学出版社

北京

内 容 简 介

操作系统是现代计算机系统中必不可少的系统软件。本书以《国家中长期教育改革和发展规划纲要(2010—2020年)》为指导,依据教育部高等学校计算机类专业教学指导委员会最新颁布的教学要求,结合多年来的实践教学经验编写而成,力求全面、系统、直观地阐述现代计算机操作系统的基本原理、主要功能及实现技术。

全书共分7章。第1章介绍操作系统的概念、功能、类型及其发展;第2~4章介绍处理器管理,包括进程管理、进程同步与互斥、调度与死锁;第5~7章介绍存储器管理、设备管理和文件管理等。

本书可作为计算机专业及信息类相关专业的操作系统课程教材,也可供从事计算机科学、工程和应用等方面工作的科技人员参考,对报考研究生的学生也有较大的参考价值。

图书在版编目(CIP)数据

计算机操作系统原理/刘华文,段正杰编著.—北京:清华大学出版社,2017(2024.2 重印)
(高等院校信息技术规划教材)
ISBN 978-7-302-47212-4

Ⅰ.①计… Ⅱ.①刘… ②段… Ⅲ.①操作系统—教材 Ⅳ.①TP316

中国版本图书馆 CIP 数据核字(2017)第 102498 号

责任编辑: 焦 虹
封面设计: 常雪影
责任校对: 时翠兰
责任印制: 曹婉颖

出版发行: 清华大学出版社
　　　　网　　　址: https://www.tup.com.cn,https://www.wqxuetang.com
　　　　地　　　址: 北京清华大学学研大厦 A 座　　　　　**邮　　编:** 100084
　　　　社 总 机: 010-83470000　　　　　　　　　　　　**邮　　购:** 010-62786544
　　　　投稿与读者服务: 010-62776969,c-service@tup.tsinghua.edu.cn
　　　　质量反馈: 010-62772015,zhiliang@tup.tsinghua.edu.cn
　　　　课件下载: https://www.tup.com.cn,010-83470236
印 装 者: 三河市龙大印装有限公司
经　　销: 全国新华书店
开　　本: 185mm×260mm　　　　**印　张:** 12　　　　**字　　数:** 279 千字
版　　次: 2017 年 6 月第 1 版　　　　　　　　　　　　**印　　次:** 2024 年 2 月第 8 次印刷
定　　价: 39.00 元

产品编号:074702-02

前言 *foreword*

　　计算机系统是由硬件与软件紧密结合的统一整体。操作系统是硬件功能的首次扩充,也是其他系统软件和应用软件建立的基础和支撑平台,在计算机系统中处于承上启下的关键地位。操作系统是计算机系统的核心软件,它管理和控制整个计算机系统,使之高效、协调地运转,为用户提供方便的服务。操作系统的设计及实现对整个计算机的功能和性能起着至关重要的作用。学习操作系统不仅要掌握其基本概念和原理,更重要的是要了解在操作系统中如何实现这些原理,并学以致用,灵活运用到实际工作中。操作系统是计算机专业的必修课程。掌握操作系统的基本概念、理解其工作原理,对于深入学习计算机乃至信息类专业知识、提升软件开发和项目设计能力都有着非常重要的作用。

　　本教材以《国家中长期教育改革和发展规划纲要(2010—2020年)》为指导,针对计算机相关专业学生应掌握的知识结构,参照教育部高等学校计算机类专业教学指导委员会关于操作系统课程的教学要求,参考国内外比较成熟的教材,借鉴新理论和新技术,结合当前国内普通高等院校学生的实际情况,根据作者多年的教学实践经验编写而成。教材以介绍操作系统的基本概念为主,阐述操作系统的基本原理、基本结构,剖析操作系统的工作过程、实现技术和运行机制,希望通过这种方式,使学生更系统、直观、深刻地理解操作系统,并依据所学知识,设计、开发自己的操作系统或应用系统。本教材力求结构清晰、概念清楚,内容由浅入深、易教易学,立足于培养学生的实际应用能力。

　　本教材共分7章。第1章绪论,概括介绍操作系统的基本概念、主要功能、发展过程、基本特征;第2章进程管理,首先介绍CPU管理的功能,然后介绍进程的概念,进程的特征、状态及其转换,进程的描述与管理,线程的概念;第3章进程同步,首先介绍并发程序的有关技术,讲解进程互斥、同步机制,信号量和管程机制,随后介绍进程通信;第4章调度与死锁,介绍进程调度算法和死锁的基本概念、必要条件和处理方法;第5章存储器管理,讲述存储器管理的基本概念、各种分配管理方法和虚拟存储管理技术；第 6 章设备管理，讲解设备控制、设备分配和处理等问题；第 7 章文件管理，介绍文件结构、文件目录和存储空间管理等。每章均配备了适当的习题，可帮助学生消化并掌握操作系统的知识。

　　本教材编写分工如下：第 1～5 章由段正杰编写，第 6、7 章由刘华文编写。最后由刘华文负责统稿、审阅全书。本教材在编写过程中得到了相关老师的大力支持和帮助，在此向他们表示衷心的感谢！本教材内容参考和引用了国内外相关著作、教材，以及部分互联网上的技术资料，在此，一并表示深深的感谢！

　　由于编者水平有限，错误与不妥之处在所难免，希望广大读者批评指正，以便我们改进、完善本教材，谢谢！

编　者

目 录 contents

第1章

chapter 1

绪　　论

计算机技术的发展日新月异,从个人计算机发展到大型乃至巨型计算机,计算机的应用已经渗透到了社会生产和生活的各个领域。为了提高系统资源的利用率、增强处理能力,计算机均配置了一种用以控制计算机的各个组成部分、合理组织安排各项任务的软件系统,该软件系统称为操作系统。如果计算机没有操作系统,那么普通用户将无法操控计算机,完成各项指定的任务。什么是操作系统(Operating System,OS)?操作系统发展至今经过了哪些变化?它具有哪些功能和特征?目前有哪几种现代主流操作系统?本章将阐述这些问题。

通过学习本章内容,可使学生掌握操作系统的概念,了解操作系统的发展过程,熟悉操作系统的功能和特征。

1.1　操作系统的概念

1.1.1　计算机体系结构

一个完整的计算机系统由计算机硬件和计算机软件两部分组成,如图 1-1 所示。

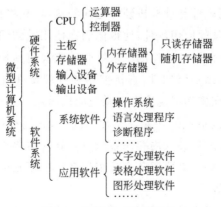

图 1-1　计算机系统的构成

它们是一个统一的整体,各个组成部分之间相互协调、相互制约,共同完成所分配的各项任务。计算机硬件是指构成能正常工作的计算机所需要的各种硬件设备,即"看得到、摸得着"的实际物理部件,包括键盘、显示器等,它们是计算机系统的物质基础。按照不同的功能,硬件设备通常由五大部分组成:输入设备、输出设备、存储器、运算器和控制器,如图 1-2 所示,其中实线表示控制信号,虚线表示数据传输。

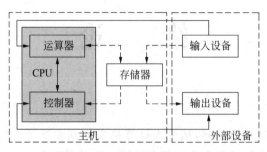

图 1-2　计算机硬件系统的结构

计算机硬件设备中,运算器和控制器通常被称为中央处理器(CPU),它与存储器一起称为"主机"。CPU 是硬件系统的核心,通过执行程序或软件方式,实现运算,并直接控制计算机各个部件的工作。主存储器(俗称内存)用于存放系统中运行的程序和数据。输入、输出设备(统称外围设备或外部设备)用于实现计算机系统与外界信息交换的各种硬件设备,包括键盘、鼠标、打印机等。

计算机软件是指由计算机硬件执行,以完成特定任务的程序及文档数据。程序是计算任务的处理对象和处理规则的描述,而文档则是为了便于了解程序所需的说明性的资料。计算机软件可分为系统软件和应用软件。计算机用户通过应用软件访问、使用计算机,使其为自己服务,应用软件则通过系统软件管理、控制计算机的硬件设备。

系统软件是负责管理计算机系统中各种硬件,使得它们协调工作的软件,其主要功能是简化程序设计,扩大计算机处理能力,提高计算机使用效率,充分发挥各种资源功能的作用。系统软件是应用软件与计算机硬件之间的接口,它将计算机硬件作为一个黑盒子,提供给计算机用户和其他应用软件,使得他们在使用或访问过程中,不需要考虑每个底层计算机硬件设备是如何具体工作的。系统软件主要包括操作系统和系统应用软件。操作系统是紧挨着硬件的第一层软件,直接控制和管理硬件设备,也是对硬件功能的首次扩充,其他软件则建立在操作系统之上。系统应用是由一系列语言处理程序和系统服务程序构成,以扩充计算机系统的功能。通常情况下,它们存放在磁盘或其他外部存储设备上,仅当需要运行时,才被装入内存。系统应用软件主要为用户编制应用软件、加工和调试程序以及处理数据提供必要服务。常用的系统应用软件包括语言处理程序、编译软件,以及各种服务程序等。

应用软件处于计算机层次结构的最外层的应用程序。它们是计算机用户为了使用计算机完成某一特定工作,或者解决某一具体问题而编制的程序,以满足应用要求、服务于特定的用户。应用软件主要通过调用系统软件所提供的接口服务,实现自己的特定功能。常见的应用软件包括办公软件、售票系统、浏览器、聊天软件、游戏软件等。

　　计算机系统中,硬件和软件是相辅相成、缺一不可的。计算机硬件是计算机的躯体和基础,计算机软件是计算机的头脑和灵魂,即计算机硬件是构成计算机系统所必须配置的设备,而计算机软件则指挥计算机系统按照指定的要求进行工作。因此,没有软件的计算机和缺少硬件的计算机都不能称为完整的计算机系统。

1.1.2　操作系统的定义

　　随着信息技术的快速发展,计算机系统越来越复杂。这需要一个自动化的管理机构,组织各种硬件资源,提高其利用率,并实现各类软件资源的查找和调用,以方便用户使用计算机。操作系统就扮演了这种角色。

　　操作系统在计算机系统中具有举足轻重的作用,它不仅是硬件与所有其他软件直接的接口,而且任何电子计算机都必须配置操作系统,才能构成一个可以协调运转的计算机系统。只有在操作系统的指挥控制下,各种计算机资源才能被分配给用户使用,也只有在操作系统支撑下,其他软件才得以正常运行。没有操作系统,任何应用软件均无法运行。由此可见,操作系统实际上是一个计算机系统中硬、软件资源的总指挥部。

　　操作系统与软件、硬件的关系如图 1-3 所示,其中裸机是指没有配备任何软件的计算机,它是构成计算机系统的物质基础,不能直接被用户使用;操作系统是靠近硬件的软件层,其功能是直接控制和管理系统各类资源。在操作系统的管理和控制下,计算机硬件的功能才能充分发挥。

图 1-3　操作系统与软、硬件的关系

　　综上所述,操作系统是控制和管理计算机系统硬件和软件资源、合理地组织计算机工作流程,以方便用户使用的程序的集合。具体而言,可从以下几个方面理解操作系统:

　　(1) 从用户的角度看,操作系统是对计算机硬件的首次扩充,是计算机系统中最复杂的系统软件,其他的软件必须在操作系统的支撑、管理和控制下才能正常运行,完成各自功能。

　　(2) 从系统结构的角度看,操作系统是一种层次、模块结构的程序集合,每个模块或层次都有特定的功能及含义。操作系统在设计和开发时,采取层次化、模块化方式实现,使计算机系统能够高效的工作。

　　(3) 从人机交互方式的角度看,操作系统是用户与计算机之间的接口。它提供了一个友好、方便的操作平台,使得用户无须了解硬件的具体特性,就可以通过操作系统提供的接口服务完成自己的任务。

　　操作系统是一种庞大的系统软件,由大量复杂的程序和众多的数据组合而成。操作系统具有层次和模块结构的特点,其内部分为三个层次:操作系统对象、控制和管理的软件集合、用户接口。操作系统的具体层次结构如图 1-4 所示,其中层与层之间通过调用和接口这两种方式进行通信服务,即每一层对其直接的上一层提供接口,对其直接的下一层进行调用。

用户接口位于最外层,它是用户与计算机之间的桥梁,为用户提供相应的接口程序或命令,通过调用下层的程序,供用户使用。控制和管理的软件集合是整个操作系统的核心部分,操作系统的绝大部分功能都是在这一层实现的。操作系统对象描述具体的物理设备的相关性质、功能特性等。

用户接口	命令接口
	程序接口
	图形接口
控制和管理的软件集合	文件管理软件
	存储管理软件
	CPU管理软件
	设备管理软件
操作系统对象	文件和作业
	存储器
	CPU
	I/O设备

图 1-4　操作系统的层次模型

1.2　操作系统的发展过程

1.2.1　操作系统的形成和发展

操作系统的形成迄今已有 60 多年历史,其发展历程与硬件系统结构的发展有着密切的联系。电子计算机最初(真空管时代)没有配备操作系统。20 世纪 50 年代中期(晶体管时代)出现了第一个简单的批处理操作系统,60 年代中期(集成电路时代)产生了多道程序批处理系统,随后(大规模和超大规模集成电路时代)出现了基于多道程序的分时系统,70 年代(微机和网络的出现)产生了微机操作系统和网络操作系统,之后又出现了分布式操作系统。在这短短的 60 多年中,操作系统经历了从无到有、从简单到复杂的过程,其主要动力归结为以下四个方面:

(1) 不断提高计算机资源利用率的需求。计算机发展初期,计算机系统特别昂贵,因此,需要千方百计提高计算机系统中的各种资源的利用率,推动人们不断发展操作系统的功能,由此产生了批处理系统。

(2) 方便用户操作的需求。资源利用率不高的问题解决后,人们想方设法改善用户上机操作和调试程序的条件。由此,操作系统逐渐由命令行方式发展到图形用户界面,形成了允许人机交互的分时系统,使之变得更加友好、易用。

(3) 计算机的硬件不断更新换代。硬件的不断更新,使得计算机性能不断提高,推动操作系统的性能和功能不断改进和完善,如微机操作系统也从 8 位,发展到 16 位、32 位、64 位。

(4) 计算机体系结构的不断发展。计算机体系结构的发展也推动了操作系统的发展,如操作系统也由单处理机操作系统发展到多处理机操作系统;随着网络的发展,操作系统也出现了网络操作系统和分布式操作系统。

目前,操作系统的种类繁多,根据应用领域,可分为桌面操作系统、服务器操作系统、主机操作系统、嵌入式操作系统;根据所支持的用户数目,可分为单用户操作系统、多用户操作系统;根据源代码的开放程度,可分为开源操作系统和不开源操作系统;根据硬件结构,可分为网络操作系统、分布式系统、多媒体系统;根据使用环境和对作业的处理方式,可分为批处理系统、分时系统、实时系统。

操作系统的发展过程经历了手工阶段(无操作系统)、批处理操作系统、多道程序系统、分时操作系统、实时操作系统、通用操作系统、网络操作系统、分布式操作系统和嵌入式操作系统等。下面主要介绍几种典型的操作系统。

1.2.2 手工操作

1. 手工操作阶段

20 世纪 40 年代至 50 年代中期,计算机系统没有配置操作系统,也没有任何软件,用户通过手工操作方式操控计算机,独占计算机的全部资源。

手工操作的处理过程:程序员首先将存储了程序和数据的纸带(或卡片)装入输入机,然后启动输入机把程序和数据输入计算机内存,接着通过控制台开关启动并运行程序,计算过程完成后,打印机输出计算结果,最后用户卸下纸带(或卡片),并取走结果。整个过程完成后,才允许下一位用户使用计算机。

手工操作的特点:用户只能串行工作,工作时独占计算机,导致资源利用率低。此外,CPU 等待手工操作,因而 CPU 利用率很低。

早期的计算机运算速度相对较慢,手工操作方式是可行的。随着晶体管时代的到来,计算机的运算速度得到了很大提升,手工操作的慢速度和计算机的高速度不匹配,严重降低了系统资源的利用率,出现了所谓的人机矛盾。

2. 脱机输入输出方式

为了解决高速 CPU 与慢速输入输出(I/O)设备之间速度不匹配的矛盾,20 世纪 50 年代末出现了脱机输入输出技术。该技术通过控制外围机方式,完成程序和数据的输入输出,即脱离主机进行程序和数据的输入输出操作,因而称为脱机输入输出方式;反之,程序和数据的输入输出是在主机控制下进行的,称为联机输入输出方式。

脱机输入输出的处理过程:事先将装有用户程序和数据的纸带放入纸带输入机,在一台外围机的控制下,把纸带(卡片)上的数据(程序)输入到磁带上。当 CPU 需要这些数据(程序)时,直接从高速的磁带上调入内存,从而大大加快了数据(程序)输入过程,减少了 CPU 等待输入的时间。类似地,当 CPU 需要输出时,并不是把计算结果直接送至输出设备,而是高速输出至磁带上,然后在另一台外围机的控制下,把磁带上的计算结果送到相应的输出设备上,因而也大大加快了输出过程。

脱机输入输出的特点:由于输入输出均由外围机控制完成,不占用 CPU 时间,因此,减少了 CPU 的空闲等待时间。此外,CPU 需要输入或输出数据时,可从高速磁带上获取,因而提高了 I/O 速度。

1.2.3　批处理系统

批处理系统主要利用批处理技术,对系统中的一批作业自动进行处理,它包括单道批处理系统和多道批处理系统。

1. 单道批处理系统

单道批处理系统是 20 世纪 50 年代中期在 IBM701 计算机上实现的第一个操作系统。单道批处理系统就是在监督程序的控制下,计算机系统能够自动地、成批地处理一个或多个用户的作业,其中作业是指将用户在一次事务处理过程中要求计算机系统所完成的工作(包括程序、数据和命令)的集合。

单道批处理系统的处理过程:首先由监督程序将磁带(盘)上的第一道作业装入内存,并把控制权交给该作业;当作业处理完成时,控制权重新交给监督程序,由监督程序将磁带(盘)上的第二道作业调入内存,再将控制权转交给第二道作业,如此反复进行,直到这批作业全部运行完成。虽然作业处理是成批进行的,但内存中始终保持一道作业,故称为单道批处理系统。单道作业的工作情况如图 1-5 所示。

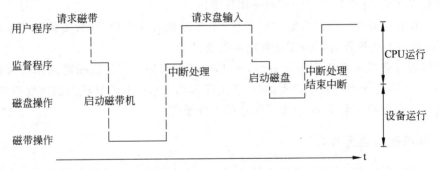

图 1-5　单道作业的工作情况

单道批处理系统的特点:

(1) 自动性:磁带(盘)上的一批作业能自动地逐个运行,不需要人工干预。

(2) 顺序性:磁带(盘)上的作业是顺序地装入内存,先装入内存的作业先完成。

(3) 单道性:监督程序每次只调入一道作业装入内存,即内存中只有一道作业。

单道批处理系统大大地减少了人工操作的时间,提高了计算机的利用率,但由于内存仅存放一道作业,导致每次发出输入/输出(I/O)请求后,高速的 CPU 便处于等待低速的 I/O 完成状态,使得 CPU 处于空闲状态。

2. 多道批处理系统

为了解决单道批处理中 CPU 利用率低的问题,20 世纪 60 年代中期引入了多道程序设计技术,形成了多道批处理系统。多道程序设计技术是指同时将多个程序装入内存,并允许它们交替运行,共享系统中的各种硬、软件资源。当某个程序因 I/O 请求而暂停运行时,CPU 便立即去运行另一个程序。两道程序的运行情况如图 1-6 所示。

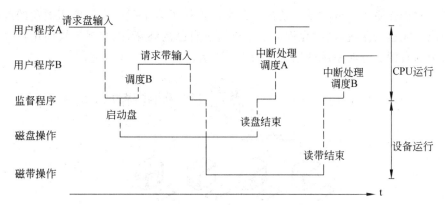

图 1-6 两道程序的运行情况

多道程序系统的处理过程：假设内存中同时存放 A、B 两道程序，在系统的控制下，CPU 可交替运行 A 和 B。当程序 A 因请求 I/O 操作而放弃 CPU 时，程序 B 就占用 CPU 运行，使得 CPU 不再空闲，此时涉及 I/O 操作的设备也不空闲，即 CPU 和 I/O 设备都处于工作状态。

多道批处理系统的特点：

(1) 多道性：内存中可以同时存放多道相互独立的程序，它们可以并发执行。

(2) 无序性：多道作业的完成顺序不固定，与先后装入内存的顺序无严格的对应关系。即先装入的作业未必先完成，后装入的作业也可能先完成。

(3) 调度性：作业从提交给系统开始直至完成，需经过作业调度和进程调度两个过程。其中作业调度是指按照某种作业调度算法，从磁带（盘）中的后备作业队列中选择多个作业调入内存；而进程调度是指按照某种进程调度算法，从内存中选择其中一道程序，将 CPU 分配给该程序，使之运行。

多道批处理系统的主要优点：

(1) 资源利用率高：由于内存中的多道程序可以共享资源，使资源尽可能处于忙碌状态，从而提高了资源的利用率。

(2) 系统吞吐量大：系统吞吐量是指单位时间内所完成的工作总量。由于 CPU 和其他资源都保持忙碌状态，且程序运行切换时代价较小，从而提高了系统的吞吐量。

多道批处理系统的主要缺点：

(1) 无交互能力：作业一旦提交给系统，直至作业完成，用户不能与自己的作业交互。

(2) 平均周转时间长：平均周转时间是指作业从提交给系统开始，直至完成并退出系统所经历的时间。由于多道程序共享 CPU 等资源，因此，每道程序在整个运行期间"走走停停"。当资源被占用时，必须等待，直至资源被释放后，才能获得所需的资源，进而继续运行。

1.2.4 分时系统

为了解决多道批处理系统无交互能力的问题，满足人机交互的需求，20 世纪 60 年代推出了分时操作系统。分时系统是指一台主机连接了多个配有显示器和键盘的终端,由此所组成了完整的系统,同时允许多个用户通过自己的终端,以交互方式使用计算机,共享主机中的资源。分时系统的结构如图 1-7 所示。

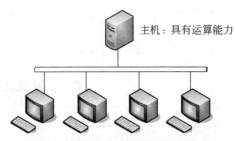

主机:具有运算能力

终端:由显示器和键盘组成,不具有运算能力

图 1-7　分时系统的结构

分时系统的处理过程:假设系统中主机连接了 k 台终端,系统利用分时技术,将 CPU 的运行时间分成 k 个很短的时间片。首先将第一个时间片分配给第一个终端,执行第一个终端的作业或程序,待该时间片使用完后,系统则将第二个时间片分配给第二个终端,执行第二个终端作业或程序,此过程依此重复,待第 k 个时间片结束后,系统结束此轮循环,进入新的一轮循环,直至所以作业或程序结束。由于一台计算机可同时连接多个用户终端,且 CPU 速度不断提高,时间间隔(时间片)很短,每个用户均可在自己的终端上联机使用计算机,感觉就像自己独占计算机一样。

分时系统的特点:

(1) 多路性:系统按分时原则为每个用户服务,微观上每个用户轮流使用计算机,宏观上每个用户并行工作,共享系统资源。

(2) 独立性:每个用户独占一个终端,相互独立、互不干扰,感觉就像独占计算机资源。

(3) 及时性:系统及时响应用户的请求,用户感知响应快。

(4) 交互性:用户可通过终端与系统进行交互,并根据响应结果,提出新的请求。

分时系统中的关键问题:

(1) 及时接收与处理:系统应及时接收用户通过终端发出的请求、命令等,并能快速处理该请求,使得用户感觉所花费时间较少。

(2) 时间片的设置:若时间片太长,则用户感觉系统很慢,无法忍受;若时间片太短,则无法及时处理完成用户请求,且系统将疲于作业的切换过程,没有时间处理请求。通常,时间片的大小与用户终端数量、CPU 的性能相关,常设置为 2～3s。

1.2.5　实时系统

多道批处理系统和分时系统能获得较令人满意的资源利用率和系统响应时间,但不能满足实时控制与实时信息处理两个应用领域的需求,为此产生了实时系统。实时系统是指能够及时响应随机发生的外部事件,在严格的时间范围内,完成对该事件的处理,并控制所有实时任务协调一致的运行。特定的应用中实时系统常作为一种控制设备来使用。

根据控制对象的不同,实时系统可以分成两大类:

(1) 实时控制系统。以计算机为中心的生产控制系统和武器控制系统等,系统应能实时采集现场数据,并对采集的数据进行及时处理,进而自动控制相应的执行机构,使之按预定的规律变化,确保产品的质量。实时控制系统常用于工业控制、军事控制等领域,如飞机自动驾驶系统、火箭飞行控制系统、导弹制导系统等。

(2) 实时信息处理系统。接收从远程终端上发来的服务请求,根据用户的请求对信息进行检索和处理,并向用户作出及时正确的回答。典型的实时信息处理系统包括飞机或火车的订票系统、银行系统、情报检索系统等。

实时系统的主要特点:

(1) 及时性:实时系统对及时性的要求很高,特别是实时控制系统中信息接收、分析处理和发送必须在严格的时间限制内完成,一般为秒级、毫秒级,甚至微秒级。

(2) 交互性:实时信息处理系统中允许用户输入数据,提出系统中有限的服务请求,但其交互性比分时系统弱。

(3) 独立性:实时信息处理系统中用户在各自终端上请求系统服务,彼此独立、互不干扰,实时控制系统多个控制对象或多路现场信息采集是互相独立的。

(4) 高可靠性:采取一定的容错或冗余措施,保证系统具有非常高的可靠性,否则可能带来灾难性的后果。

1.2.6 通用操作系统

为了进一步提高计算机系统的适应能力和使用效率,20 世纪 60 年代后期,产生了具有多种功能用途、多种类型操作特征的通用操作系统,该类系统可以同时兼有多道批处理、分时、实时处理的功能,或其中两种以上的功能。构造通用操作系统的目的是为用户提供多模式的服务,同时进一步提高系统资源的利用效率。

由于通用操作系统具有规模庞大、功能强大、构造复杂等特点,实际应用中同时具有实时、分时、批处理三种功能的操作系统并不常见。因此,通常将实时与批处理结合起来,或者将分时与批处理结合起来,构成前后台系统。实时批处理系统兼有实时系统和多道批处理系统的功能,它保证优先处理实时任务,插空进行批处理作业,故而该系统中实时任务常称为前台作业,而批处理作业称为后台作业。分时批处理系统则是具有分时系统和多道批处理系统的功能,即对时间要求不强的作业作为批处理处理,而对频繁交互的作业则采取分时处理,CPU 优先运行分时作业。

1.2.7 网络操作系统

随着 20 世纪 80 年代计算机网络的迅速发展,计算机网络正在改变人们的观念和社会能力。网络操作系统是指具有网络通信和网络服务功能的操作系统。它是在一般操作系统功能的基础上通过提供网络通信和网络服务功能而形成的,以方便计算机进行有效的网络资源共享,并提供网络用户所需的各种服务的软件和相关协议的集合。

网络操作系统主要包括客户机/服务器(C/S)模式和对等模式(P2P)这两种工作模式。客户机/服务器模式是目前广泛流行的网络工作模式。它将网络中的计算机分成两类:服务器和客户机,其中服务器是网络的控制中心,为用户提供文件打印、通信传输、数据库等各种服务,而客户机是用于本地处理和访问服务器的计算机。对等模式则将网络中的计算机对等看待,每台计算机都是对等的,既可以作为服务器,又可以作为客户机。

网络操作系统的功能:

(1) 网络通信:实现源计算机和目标计算机之间无差错的数据传输。

(2) 资源管理:管理网络中共享(硬、软件)资源,协调用户使用共享资源,保证数据的安全、一致性。

(3) 网络管理:通过存取控制确保存取数据的安全性,通过容错技术保证系统出现故障时数据的安全性。

(4) 网络服务:为方便用户使用网络而提供的多项有效服务,如电子邮件、文件传输、设备共享、存取和管理服务等。

主流的计算机网络操作系统包括 UNIX、Netware 和 Windows NT 系列,其中 UNIX 是唯一能跨多种平台的操作系统,Netware 是早期面向微机的网络操作系统,Windows NT 则既适用于微机,也适用于工作站。

1.2.8　分布式操作系统

以往的计算机系统中处理和控制功能高度地集中在一台计算机上,所有的任务都由它来完成,这种系统称为集中式计算机系统。集中式计算机系统的缺点是若管理控制计算机出现故障,则整个系统将会瘫痪。针对这种问题,计算机网络发展为分布式结构,即系统的处理和控制功能分散在系统的各个处理单元,系统中的任务也可动态分配到各个处理单元,并使它们并行执行,实现分布式处理。

分布式系统是指通过通信网络方式,将地理上分散的、具有自治功能的多台分散的计算机通过互联网连接而成的系统,以实现信息交换和资源共享,协作完成指派的任务。分布式系统中,每台计算机既高度自治,又互相协同,能在系统范围内实现资源管理、任务分配,能并行地运行分布式程序。分布式操作系统是指能管理分布式计算机系统的操作系统。

分布式操作系统的特点:

(1) 分布性:分布式操作系统不是驻留某一个节点上,而是分布在各个节点上,其处理和控制是分布式的。

(2) 并行性:任务被分配到多个处理单元(节点)上,这些任务可并行执行,从而提高了处理速度。

(3) 透明性:系统隐藏了内部细节,使得用户无须了解具体情况,而系统故障、并发控制和对象位置等对用户是透明的。

(4) 共享性:所有分布在各节点的软、硬件资源均可供系统中所有用户共享访问,并能以透明的方式使用。

（5）健壮性：系统中任何节点故障不会造成太大影响，若某个节点出现故障，可通过容错技术实现重构，因而具有更强的容错能力。

分布式操作系统与网络操作系统的区别：

（1）系统的配置不同：网络操作系统可在不同的本机操作系统上，通过网络协议实现网络资源统一配置管理，从而构成网络操作系统；但分布式操作系统则在各个节点上配置相同的系统。

（2）资源访问方式不同：网络操作系统中访问资源时，需提供资源的位置及类型等，且本地资源和异地资源的访问要区别对待；而分布式操作系统中，所有资源都使用统一方式进行管理和访问。

（3）管理控制方式不同：网络操作系统的管理控制功能集中在服务器；而分布式操作系统则分散在各个分布式节点中。

1.2.9 嵌入式系统

嵌入式操作系统是指用于嵌入式计算机环境中的操作系统，通常包括与硬件相关的底层驱动软件、系统内核、设备驱动接口、通信协议、图形界面、标准化浏览器等功能，负责嵌入式系统的软、硬件资源的分配，任务调度，协调并发活动等。

嵌入式操作系统具有硬件平台的局限性、应用环境的多样性和开发手段的特殊性，其主要特点如下：

（1）微型化。嵌入式系统的硬件平台通常不配置外存，微处理器字长较短且速度有限，能源消耗也较少。嵌入式操作系统的内核较传统的操作系统要小得多。

（2）实时性。嵌入式系统广泛应用于过程控制、数据采集、传输通信、多媒体信息及要求迅速响应的场合，要求嵌入式操作系统具有实时性。

（3）易移植性。由于 CPU 和底层硬件环境的多样性，要求嵌入式操作系统可适用于不同的硬件平台，因而可移植性高。

目前在嵌入式领域广泛使用的操作系统有：WinCE、PalmOS、Linux、VxWorks、Android、iOS 等。

1.3 操作系统的功能和特征

1.3.1 操作系统的功能

操作系统是计算机系统的资源管理者，其主要任务是对系统中的硬件、软件实施有效的管理，以提高系统资源的利用率。计算机硬件资源主要包括中央处理器、主存储器、磁盘存储器、打印机、显示器、键盘和鼠标等；软件资源指的是存放于计算机内的各种文件信息。因此，操作系统的主要功能包括处理器管理、存储器管理、设备管理和文件管理。此外，操作系统还提供用户接口，以方便用户使用操作系统。

1. 处理器管理

CPU 是计算机系统中最宝贵的硬件资源。处理器管理主要任务是对 CPU 进行高效分配,并对其运行状况进行有效的控制与管理。为了提高资源的利用率,操作系统中采用了多道程序技术。多道程序环境下,CPU 的分配和运行都是以进程为基本单位,因而处理器管理可最终归结为对进程的管理。

处理器管理的主要功能包括进程控制和管理、进程同步与互斥、进程通信、进程调度、进程死锁。

2. 存储器管理

存储器可分为内部存储器(内存)和外部存储器(外存),存储器管理主要是指对内存的管理。存储器管理的主要任务是方便用户存取内存中的程序和数据;提供数据存储保护,保证数据不被破坏或非法访问;借助多道程序技术,提高内存利用率;内存容量不足时能从逻辑上扩充内存。

存储器管理的主要功能包括存储分配、存储共享、存储保护、地址转换、存储扩充。

3. 设备管理

设备管理是对计算机系统中各种输入、输出设备进行管理和控制。由于硬件设备种类繁多,且工作原理和操作特性各不相同,因而设备管理和控制十分复杂。设备管理的主要任务是完成用户提出的 I/O 请求,为用户分配 I/O 设备;提高 CPU 和 I/O 设备的利用率;提高 I/O 设备的运行速度;方便用户使用 I/O 设备。

设备管理的主要功能包括设备控制与处理、设备分配与回收、设备独立性、缓冲管理和虚拟设备。

4. 文件管理

计算机系统中程序和数据通常以文件形式存储在外部存储器(外存)上。文件管理是对系统中信息资源(程序和数据)进行有效管理,为用户提供方便快捷、共享、安全、保护的使用环境。文件管理的主要任务是对用户文件和系统文件进行管理;方便用户使用;实现文件共享访问;保证文件的安全。

文件管理的主要功能包括文件存储空间管理、目录管理、文件读写管理、文件共享保护和存取控制。

1.3.2 操作系统的特征

操作系统是一个相当复杂的系统软件,不同的操作系统具有不同的特征。总体而言,计算机操作系统具有以下几个基本特征。

1. 并发性

并发性是指两个或两个以上的事件在同一时间间隔内发生。多道程序环境下,计算机系统中同时存在多个进程,宏观上,这些进程同时执行,同时向前推进;微观上,单处理机中任何时刻只有一个进程在执行,多个进程之间是交替执行的,多处理机中这些进程被分配到多处理机上并行执行。并发的目的是提高系统资源的利用率和系统的吞吐量。

并发和并行是两个既相似又有区别的概念。并行是从某一时刻去观察,两个或多个事件都在运行。

2. 共享性

共享性是指计算机系统中的资源可被多个并发执行的进程使用,而不是被其中某个进程独占使用。根据资源的属性,共享可分为互斥共享和同时共享。

(1)互斥共享。系统中的资源,如打印机、扫描仪等,在一段时间内只允许一个进程使用。当某个进程使用该资源时,其他进程必须等待,只有当该进程使用完并释放后,其他进程才可以使用该资源,即进程之间排他、互斥地使用共享的资源。

(2)同时共享。系统中有些资源在同一段时间内允许多个进程同时访问。这里的同时访问是宏观意义上的。

并发性和共享性是操作系统的两个最基本特征,它们互为存在条件。一方面,资源共享是以进程的并发执行为存在条件,若系统不允许并发,就不存在资源共享问题。另一方面,若系统不能有效管理共享资源,则将影响进程的并发执行。

3. 虚拟性

虚拟性是指通过某种技术,将一个物理实体变成若干个逻辑对应物。物理实体是实际存在的,而逻辑对应物则是虚构的,用户使用时感觉有多个实体可供使用。操作系统中采用了多种虚拟技术,如利用多道程序设计技术实现虚拟 CPU,通过请求调入调出技术实现虚拟存储器,通过 SPOOLing 技术实现虚拟设备。

4. 异步性

异步性是指在多道程序环境下,由于资源的共享性和有限性,并发执行的进程之间产生相互制约的关系,它们的运行过程有可能不是一气呵成的,有可能是走走走停停的,从而导致多个程序的运行顺序、运行时间都是不确定的,即各个进程何时执行、何时暂停以及以怎样的速度向前推进、什么时候完成都是不可预知的。操作系统必须保证在环境相同情况下,进程经多次运行,均会得到相同的结果。

1.4 操作系统的运行环境

1.4.1 操作系统的结构

1. 模块化结构

现代操作系统为方便用户使用,包含的功能较多,从而导致结构复杂,因此,在开发设计之初常采用模块化设计思想。模块化的操作系统由许多标准的、可兼容的模块组成,各模块的功能相互独立,相互之间通过接口方式进行调用。模块化操作系统的优点是系统功能可分割为多个不同的模块,每个模块的具体编码可由不同人员实现,达到并行合作的目标,从而可在很短的周期内完成操作系统的设计实现。由于操作系统的各个模块之间的调用关系较复杂,导致系统逻辑结构不够清晰,从而使得所设计的操作系统难以分析、维护和移植。

2. 层次化结构

为了解决模块化结构设计的问题,人们提出了层次化结构设计模型。该模型将操作系统的各功能模块分成多个层次,其中每一层均有自己相对独立的任务和功能,各层之间不允许构成循环依赖,且各层之间相对稳定。下层模块给上层模块提供支持,上层模块调用下层模块,仅能使用下层提供的功能和服务。此外,层与层之间通常不能跨层调用访问。这种情况下,上下层之间只需关心接口即可,无须了解彼此的内部结构和实现方法。由于每步设计都是建立在可靠的基础上,整个系统的正确性可通过各层的正确性得到保证,因而,安全和验证都变得更容易。层次化结构的逻辑清晰,层内的修改与其他各层无关,这便于系统的设计、实现、更新、维护和移植。

3. 虚拟机结构

虚拟机是指在完全无软件的计算机上配置功能不同的软件的计算机系统。虚拟机结构针对不同的应用领域,在逻辑上扩展一层层软件,使得相同硬件系统的计算机由于配置的软件不同而具有各种不同的性能,从而使得计算机扩充为功能更强、使用更加方便、适用于多种不同应用场合的虚拟计算机。虚拟机结构通常采用层次化结构的设计方法来实现。

4. 客户机/服务器结构

计算机系统运行期间,大量 CPU 执行时间花费在通信方面。为了进一步提高系统性能,根据网络结构的特点,现代操作系统设计成客户机/服务器结构模式,其中操作系统中最基本的且通信频繁功能模块单独整合设计在服务器端进程,且常驻内存中,而将文件服务、设备服务、进程服务等功能交由用户(客户)进程实现。当用户进程需要某项服务时,向服务器进程发出请求,服务器进程响应请求后为用户进程服务,服务完成后将结果发送给用户进程。由于服务器进程是特殊的用户进程,且运行在用户态,因此,某个服务器的崩溃不会导致系统的崩溃。

5. 面向对象结构

由于具有可封装性、可移植性等优点,面向对象程序设计方法自提出以来就得到了广泛的应用。部分新型的操作系统采用面向对象程序设计方法来实现,将数据和针对数据所执行的操作封装在对象之中,并将其作为数据的属性或访问方法提供给用户使用、访问。由于用户不能直接操作数据,因此面向对象结构的操作系统具有数据隐藏、易于保持数据的完整性和一致性等特点,从而可实现对不同对象的数据保护。

1.4.2　处理机的执行状态

计算机系统运行时,操作系统和用户程序均存储在内存中。为了防止操作系统被破坏或非法访问,系统通过在 CPU 的寄存器中设定保护状态位,提供了保护机制。CPU 执行程序时根据状态位的值对当前程序执行权限进行控制。

CPU 的执行状态通常分为系统态(管态)和用户态(目态),其中系统态表示 CPU 当前正在执行操作系统的系统程序,而用户态表示 CPU 当前正在执行用户程序。为了实现对操作系统的保护,CPU 将其指令分为特权指令和非特权指令。

(1)特权指令:指具有特殊权限的指令,主要用于系统资源的分配和管理,包括改变系统工作方式,检测用户的访问权限,修改虚拟存储器管理的段表、页表,完成任务的创建和切换等。这类指令只用于操作系统或其他系统软件,一般不直接提供给用户使用。特权指令在多用户、多任务的计算机系统中必不可少。常见的特权指令包括启动 I/O 设备指令、访问程序状态指令、存取中断寄存器指令等。

(2)非特权指令:指只有普通权限的指令,只能在用户态运行。用户程序所使用的指令都是非特权指令,它不能直接访问系统中的硬件和软件,对内存的访问范围也局限于用户空间。

CPU 只有在系统态下才能访问特权指令,在用户态下不能执行特权指令。如果用户程序中出现特权指令,CPU 会因为指令权限与 CPU 当前运行状态不吻合而自动产生非法指令中断,终止用户程序的执行,并交由操作系统处理。因此,用户程序不能随意访问其存储空间以外的其他存储空间,从而实现了存储保护。

1.4.3　中断及其处理

1. 中断的概念

中断是指 CPU 在程序执行过程中,当新的情况或事件出现时,CPU 暂时停止当前程序的执行,转而处理新情况的过程。中断处理过程中,凡是能够引起中断原因或提出中断请求的设备和异常故障称为中断源,实现中断响应过程的硬件称为中断装置,处理该事件的程序称为中断服务程序,完成中断全过程的硬件和软件系统称为中断系统,中断时程序中当前执行完毕的指令地址称为断点,中断返回后继续执行的下一条指令地址称为返回点。

2. 中断的类型

根据中断源的不同,中断一般包括程序中断和硬件中断。程序中断是指程序执行过程中出现的不可预知的错误故障(访问不存在的资源等)或事先设置的陷阱(trap)处理(如断点中断、单步中断等)。硬件中断则指由硬件设备引发的中断请求,具体包括如下几种中断:

(1)外部中断是指由计算机外设(如键盘、打印机、定时器等)发出的中断请求。外部中断是可屏蔽的中断。

(2) 内部中断是指由硬件出错(如突然掉电、奇偶校验错等)或运算出错(如除数为零、运算溢出、单步中断等)所引起的中断。内部中断是不可屏蔽的中断。

(3) 故障强迫中断是指计算机的一些关键部位设有故障(如存储器读取出错、外设故障、电源掉电以及其他报警信号等)自动检测装置,引发 CPU 中断,并进行相应处理。

(4) 实时时钟请求中断是指系统采用一个外部时钟电路(可编程)控制其时间间隔,时钟电路一旦到达规定时间,则发出中断请求,由 CPU 转去完成检测和控制工作。

(5) 数据通道中断是指数据通道在传输、交换数据时发出的中断请求。

3. 中断的分类

(1) 按处理方式的不同,中断可分为简单中断和程序中断,其中简单中断(如数据通道中断)采用周期窃用的方法来执行中断服务;程序中断是中止现行程序的执行转去执行中断服务程序。

(2) 按产生方式的不同,中断可分为自愿中断和强迫中断,其中自愿中断(如程序自设中断)是通过设置自陷指令而引起的中断;强迫中断是一种随机发生的实时中断,强迫 CPU 去执行处理,如外部设备请求中断、故障强迫中断等。

(3) 按中断事发地点的不同,中断可分为内部中断和外部中断,其中外部中断也称为外部硬件实时中断,它由来自 CPU 某一引脚上的信号引起;内部中断也称软件指令中断,它是为了处理程序运行过程中发生的一些意外情况或调试程序而提供的中断。

(4) 根据受理中断请求的情况,中断可分为可屏蔽中断和不可屏蔽中断,其中可屏蔽中断是指 CPU 内部的中断触发器(或许中断允许触发器)能够拒绝响应的中断;反之,不可屏蔽中断是指 CPU 内部的中断触发器(或许中断允许触发器)不能够拒绝响应的中断。

4. 中断的处理过程

中断处理是指 CPU 一旦响应用户中断请求,就转去执行中断服务程序,完成中断处理的过程。中断处理的具体过程通常由软件实现,如图 1-8 所示的虚线部分。

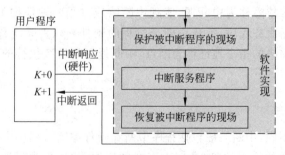

图 1-8　中断响应及处理过程

中断处理过程一般由以下三个步骤组成:

(1) 保护被中断进程的现场。为了在中断处理结束后能使进程正确返回到中断点,系统必须保存当前 CPU 状态字和程序计数器等值。通常由硬件机构自动将状态字和计数器的值保存在中断保留区(栈)中,然后将被中断进程的 CPU 现场信息(如 CPU 所有寄存器)压入栈中。

(2) 处理中断或执行中断服务程序。CPU 先测试各个中断源,判断具体中断事件,根据中断源的不同,获取相应的处理程序的首(入口)地址,并装入程序计数器中,使得 CPU 转向执行相应的处理程序。

(3) 恢复被中断进程的现场。中断服务程序结束后,唤醒等待该中断请求的进程,同时将保存在中断栈中的被中断进程的现场信息(第一步中所保存的信息)取出,装入到相应的寄存器中,使得 CPU 能正确返回到被中断进程当时所处的状态。

5. 中断机制在操作系统中的作用

操作系统引入中断机制的最大好处是方便处理随机发生的事件。任何情况下,只要有随机事件发生,操作系统都可以通过中断机制中断当前程序的执行,转而执行处理该事件的服务程序。事实上,操作系统可被看作是一个以事件为驱动的中断机制,其中用户的每个操作均可看作是一次中断。如双击鼠标,CPU 就转去执行相应的事情。中断能给操作系统带来很多方便之处:

(1) 中断可以实时处理许多紧急事件。

(2) 中断可以实现 CPU 与外设的并行工作,从而提高 CPU 的效率和系统的吞吐量。

(3) 中断可以实现多道程序之间的切换。

(4) 中断可以使得操作系统作为系统服务的支撑平台,用户程序可通过系统调用完成相应任务,从而简化了操作系统和应用程序的开发设计过程。

总之,中断是操作系统功能实现的基础,是构成多道程序运行环境的根本措施,是程序得以运行的直接或间接的"向导",是各种事件被激活的驱动源。

1.5 操作系统用户接口

为了方便用户快速、有效地使用计算机系统,操作系统向用户提供了一系列接口。用户通过这些接口与计算机进行交互,告知计算机系统所需完成的任务或需求,计算机进而完成相应的操作和处理。

操作系统为用户提供了命令和系统调用两种方式使用计算机系统,前者为用户提供了各种控制命令,方便组织和控制程序的执行或管理计算机系统,故又称命令接口;后者为编程人员提供了各种控制函数,方便程序请求访问操作系统提供的服务,故又称程序接口。随着用户使用习惯的进一步改善,命令接口发展演变为图形接口。

1.5.1 命令接口

为了便于用户直接或间接地控制自己的作业,操作系统向用户提供了各种命令接口。用户可以借助命令接口,通过输入设备(键盘、鼠标、触摸屏、声音等)向系统发出字符命令,及时与自己的作业交互,控制作业的运行。命令接口又可进一步分为联机命令接口和脱机命令接口。

(1)联机命令接口:由一组键盘命令及命令解释程序组成,每当用户在终端或控制台的键盘上输入一条命令,系统便立即转入相应的命令解释程序,对该命令进行处理和执行,命令完成后,返回到终端或控制台,等待下一条命令。

(2)脱机命令接口:由一组作业控制语言(JCL)组成,用户在向批处理系统提交作业时,必须先使用JCL将用户的控制意图编写成作业说明书,然后将作业连同作业说明书一起提交给系统。系统调度该批处理作业时,对作业说明书上的命令逐条解释并执行。

1.5.2 程序接口

程序接口由一组系统调用命令组成,用户通过在程序中使用这些系统调用命令,请求操作系统提供服务。程序接口一般通过系统调用来实现。

系统调用是操作系统为了扩充机器功能、增强系统能力而提供给用户使用的具有一定功能的程序段。具体地,系统调用就是通过系统调用命令中断现行程序,转去执行相应子程序,以完成特定的系统功能。完成后,返回到当前程序继续往下执行。用户程序通过系统调用可以访问系统资源,调用操作系统功能,而不必了解具体的内部结构和硬件细节。它是用户程序获得操作系统服务的唯一接口。

不同的操作系统具有不同的系统调用命令,或是相同的系统调用命令,但格式和执行功能则可能不相同。系统调用按功能可大致分为设备管理、文件管理、进程管理、进程通信和存储管理。

操作系统的内核中设置了一组专门用于实现各种系统功能的子程序,即系统调用函数。系统调用函数执行时CPU处于系统态(即管态)。当CPU执行用户程序中的系统调用函数时,由特定的硬件或软件指令实现对操作系统某个功能的调用,CPU在执行到系统调用函数时产生访管中断,通过中断机制自动将CPU的状态由用户态转变为系统态,然后执行系统的服务程序,完成后再中断返回,将CPU的状态转变回用户态,返回用户程序中被中断的地方继续执行。系统调用是一种特殊的中断处理。它的具体实现过程与中断处理类似,如图1-9所示。

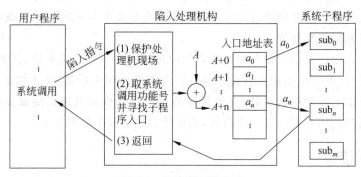

图1-9 系统调用的实现

1.5.3 图形接口

用户虽然可以通过命令行和命令文件方式获得操作系统的服务,并控制本地应用程序运行,但是要求用户牢记各种命令、参数等,并严格按照规定的格式输入命令,这既不方便又耗时间。为此,图形用户界面(GUI)应运而生。

近年来,软件的易用性和美观性越来越友好,操作系统的传统字符命令接口也逐渐发展为更为友好的图形接口。该接口采用图形化的操作界面,用容易识别的图标将系统的各种命令和功能直观地表达出来。用户可以通过菜单和对话框来完成对应用程序和文件的操作,利用鼠标完成与系统的交互,从而达到易用的效果。目前,图形接口也是最为流行的联机用户界面方式。

1.6 现代主流操作系统

1.6.1 UNIX操作系统

UNIX 操作系统是一个强大的多用户、多任务操作系统,支持多种处理器架构。按照操作系统的分类,它属于分时操作系统,由美国的 AT&T 公司的贝尔实验室于 1969 年开发成功,首先在 PDP-11 上运行。

UNIX 系统问世以后,很快在大学和研究单位中受到重视和欢迎,并在短短的十余年中安装在从巨型机到微型计算机的各种计算机中。UNIX 操作系统目前主要运行在大型计算机或各种专用工作站上,其版本有 AIX(IBM 公司开发)、Solaris(SUN 公司开发)、HP-UX(HP 公司开发)、IRIX(SGI 公司开发)、Xenix(微软公司开发)和 A/UX(苹果公司开发)等。Linux 也是由 UNIX 操作系统发展而来的。UNIX 操作系统成为世界影响最大,应用范围最广、适合机型最多的通用操作系统。

UNIX 的核心代码 95% 是由 C 语言编写的,故容易编写和修改,可移植性好。其外围系统支持程序也几乎全部用 C 语言编写,容易开发。操作系统使用高级语言编写,在前期以源码形式发布,系统短小精悍,便于理解和学习。

UNIX 操作系统提供了丰富的系统调用,整个系统的实现十分紧凑、简洁。UNIX 操作系统提供了功能强大的可编程的 Shell 语言作为用户界面,具有简洁、高效的特点。UNIX 系统具有逻辑上无限层次的树状分级文件系统,提供文件系统的装卸功能,提高了文件系统的灵活性、安全性和可维护性。系统采用进程对换(Swapping)的内存管理机制和请求调页的存储管理方式,实现了虚拟内存管理,大大提高了内存的使用效率。UNIX 系统提供了众多本地进程和远程主机间进程的通信手段,如管道、共享内存、消息、信号灯、软中断等。

UNIX 系统还具有良好的用户界面,用户 C 程序和系统外围程序可以通过系统调用使用操作系统内核提供的各种系统服务,交互式用户可以在 Shell 界面上通过命令同系统交互。用户也可以在 Shell 环境下编制一些控制灵活、功能强大的作业控制程序,以高效、自动化地完成复杂的任务。

1.6.2　Linux 操作系统

　　Linux 是由芬兰藉科学家 Linus Torvalds 于 1991 年编写完成的一个操作系统内核。当时他还是芬兰赫尔辛基大学计算机系的学生,在学习操作系统课程中,自己动手编写了一个操作系统原型,从此新的操作系统诞生了。Linus 把这个系统放在 Internet 上,允许自由下载,许多人对这个系统进行改进、扩充、完善,许多人做出了关键性的贡献。

　　Linux 是一套免费使用和自由传播的类 UNIX 操作系统,是一个基于 POSIX 和 UNIX 的多用户、多任务、支持多线程和多 CPU 的操作系统。它能运行主要的 UNIX 工具软件、应用程序和网络协议。它支持 32 位和 64 位硬件。这个系统是由全世界成千上万个程序员设计和实现的,其目的是建立不受任何商品化软件的版权制约的、全世界都能自由使用的 UNIX 兼容产品。Linux 在继承了历史悠久和技术成熟的 UNIX 操作系统的特点和优点外,进行了许多改进,已成为真正的多用户、多任务的通用操作系统。

　　Linux 以它的高效性和灵活性著称。Linux 模块化的设计结构,使其既能在价格昂贵的工作站上运行,也能够在廉价的 PC 上实现全部 UNIX 的特性,具有多任务、多用户的能力。Linux 操作系统软件包不仅包括完整的 Linux 操作系统,也包括文本编辑器、高级语言编译器等应用软件,还包括带有多个窗口管理器的 X-Windows 图形用户界面,如同使用 Windows 一样,它允许使用窗口、图标和菜单对系统进行操作。

　　Linux 有许多不同的版本,但都使用了 Linux 内核。Linux 可安装在各种计算机硬件设备中,比如手机、平板电脑、路由器、视频游戏控制台、台式计算机、大型机和超级计算机。严格来讲,Linux 这个词本身只表示 Linux 内核,但实际上人们已经习惯了用 Linux 来表示基于 Linux 内核并且使用 GNU 工程和数据库的操作系统。

1.6.3　Windows 系统

　　Windows 操作系统是由美国微软(Microsoft)公司开发的窗口化操作系统,采用了 GUI 图形化操作模式,与它之前使用的指令操作系统(如 DOS)相比显得更为友好和人性化。Windows 是目前世界上使用最广泛的操作系统。最新的版本是 Windows 10。

　　微软公司成立于 1975 年,最初只有比尔·盖茨、保罗·艾伦两个人,只有一个产品,BASIC 编译程序。现在微软公司已成为世界上最大的软件公司,其产品涵盖操作系统、开发系统、数据库管理系统、办公自动化软件、网络应用软件等各个领域。

　　Windows 问世于 1985 年,起初仅仅是 Microsoft-DOS 模拟环境,后续的系统版本由于不断更新升级,不但易用,而且逐渐成为人们最喜爱的操作系统。

　　Windows 采用了图形化模式 GUI,比起从前的 DOS 需要输入指令使用的方式更为人性化。随着计算机硬件和软件的不断升级,微软的 Windows 也在不断升级,从架构的 16 位、32 位再到 64 位,系统版本从最初的 Windows 1.0 到大家熟知的 Windows 95、Windows 98、Windows ME、Windows 2000、Windows 2003、Windows XP、Windows Vista、Windows 7、Windows 8、Windows 8.1、Windows 10 和 Windows Server 服务器企

业级操作系统,不断持续更新。

习　　题

1. 什么是操作系统? 配置操作系统的主要目的是什么? 操作系统包含哪些基本功能?

2. 操作系统具有哪些基本特征?

3. 什么是多道程序设计? 采用多道程序设计的主要优点是什么?

4. 试比较单道和多道批处理系统的特点。

5. 简述多用户分时和多道批处理的区别与联系,以及它们各自的特征。

6. 批处理、分时和实时操作系统各有什么特点?

7. 在批处理、分时和实时操作系统中,针对系统的资源管理,分别适合采用哪几种调度算法?

8. 分时系统的一个重要性能是响应时间,下述哪些因素有利于改善响应时间?
(1) CPU 速度快　(2) 大时间片　(3) 静态页式　(4) 动态页式　(5) 轮转调度算法　(6) 优先数+非抢占式调度算法　(7) 进程数目增加　(8) 大容量主存　(9) 大容量磁盘　(10) 快速磁盘

9. 简述系统调用与过程调用的相同点和不同点。

10. 某多道程序设计系统配了一台 CPU 和两台外设 101、102,现有三个优先级由高到低的作业 J1、J2 和 J3 都已装入内存,它们使用资源的先后顺序和占用时间分别是:

J1：102(30 ms),CPU(10 ms),101(30 ms),CPU(10 ms)。

J2：101(20 ms),CPU(20 ms),102(40 ms)。

J3：CPU(30 ms),101 (20 ms)。

处理器调度采用可抢占的优先数算法,忽略其他辅助操作时间。请回答下列问题:
(1) 分别计算作业 J1、J2 和 J3 从开始到完成所用的时间。
(2) 三个作业全部完成时 CPU 的利用率。
(3) 三个作业全部完成时外设的利用率。

第2章

chapter 2

进 程 管 理

CPU 是计算机系统中最重要的硬件资源之一,CPU 的使用效率将直接影响计算机系统的整体性能。现代计算机系统中,一台计算机可以同时处理多个任务,这些任务通常以进程或线程的方式组织。因此,CPU 管理实际上是进程管理。掌握进程的概念对于理解操作系统的实质具有非常重要的意义,只有理解了进程,才能掌握 CPU 的工作原理。

本章首先介绍 CPU 管理,然后引入进程的定义,介绍进程的特点及其管理,包括建立、调度和控制等。

2.1　CPU 管理

2.1.1　CPU 管理的功能

CPU 管理的主要任务是将 CPU 进行分配,并对其运行进行有效的控制和管理,以高效地执行用户提交的作业。现代操作系统中,CPU 是以进程为基本单位进行分配和运行的,因而 CPU 管理也可以视为进程管理。CPU 管理主要包括以下功能。

1. 进程控制

多道程序运行环境中,并发执行需要创建多个进程,并分配必要的资源。程序结束后,必须撤销这些进程,并回收所占的各类资源。进程控制的主要任务是为程序创建进程、撤销已结束的进程、分配和回收各类资源,以及控制进程在运行过程中的状态转换。

2. 进程同步

并发进程通常是以异步方式工作的,并以不可预知的速度向前推进。为了使多个进程能有条不紊地运行,系统应提供同步机制,使得进程能相互协调、合作。协调方式共有两种:

(1) 互斥方式:指多个进程之间排他地访问临界资源,其中临界资源是指一次只能被一个进程访问使用的资源,即当一个进程访问临界资源时,其他需要访问该临界资源的进程必须等待；仅当该临界资源被释放后，其他进程才可以访问该临界资源，此即"有我没他，有他没我"。

（2）同步方式：指多个进程之间相互协调、相互合作，依次执行，即前一个进程结束了，后一个进程才能开始；前一个进程没有结束，后一个进程就不能开始，此即"有你才有我，没你就没有我"。

3. 进程通信

多个并发执行的进程之间经常相互配合去完成共同的任务，因此往往需要交换信息。进程通信的任务就是用来实现相互合作进程之间的信息交换。

（1）直接通信方式：源进程利用发送命令直接将消息发送到目标进程的消息队列上，然后由目标进程利用接收命令从其消息队列中取出消息。此方式适用于同一台计算机系统中相互合作的进程。

（2）间接通信方式：源进程利用发送命令将消息发送到一个专门用于存放消息的中间实体（也称邮箱）中，然后由目标进程利用接收命令从该中间实体中取出消息。此方式适用于不同计算机系统相互合作的进程。

4. 进程调度

用户作业或进程必须获得 CPU 才能运行。等待在后备队列中的作业，根据某种调度策略，占用 CPU，并执行。CPU 调度包括作业调度（也称高级调度）、进程调度（也称低级调度）和中级调度（也称交换调度）。

（1）作业调度：指按照某种算法从后备队列中选择若干作业，给它们分配必要的资源，调入内存，建立相应的进程，并将其插入到就绪队列。

（2）进程调度：指按照某种算法从进程的就绪队列中选出一个进程，给它分配 CPU，设其状态为运行态，使进程投入运行。

（3）中级调度：指按照某种算法将那些暂时不能运行的进程从内存中移到外存，释放其所占资源，让其他进程运行；移到外存上的进程具备运行条件时，再按照某种算法将它们重新调入内存，等待运行。

2.1.2 程序的执行

程序执行是指程序在计算机系统中的运行过程。程序的执行方式有顺序执行和并发执行两种。

1. 程序的顺序执行

程序通常由若干个操作组成。程序执行时，必须按照用户编写的先后次序逐个执行操作，只有当前一个操作执行完后，才能执行后一个操作。假设系统中有三道作业，它们均有输入、计算和打印三种顺序操作，即先输入需要的数据（I），然后进行计算（C），最后打印计算结果（P）。它们的顺序执行情况如图 2-1 所示。

首先执行第一个程序的输入、计算和打印操作，然后再进行第二个程序的输入、计

$$I_1 \rightarrow C_1 \rightarrow P_1 \rightarrow I_2 \rightarrow C_2 \rightarrow P_2 \rightarrow I_3 \rightarrow C_3 \rightarrow P_3$$

图 2-1　程序的顺序执行

算、打印操作,如此不断循环进行。当第一个程序输入时,处理器和打印机是空闲的;当处理器进行运算时,输入设备和打印设备是空闲的;当程序在打印结果时,处理器和输入设备则没事可做。显然,在这种程序运行方式下,计算机的系统资源利用效率很低。

程序顺序执行的特点:

(1) 顺序性:CPU 严格按照程序所规定的操作顺序执行,即前一操作执行完了,后面的操作才能开始。

(2) 封闭性:程序在运行时,独占系统内全部资源,其执行结果不受外界因素的影响。

(3) 确定性:程序执行的结果是确定的,与执行速度和时间无关,即程序无论是从头到尾不停地执行,还是"走走停停"地执行,都不会影响到最终结果。

(4) 可再现性:只要程序的执行环境和初始条件相同,程序无论重复执行多少次,都将获到相同的结果,即计算结果可再现。

程序顺序执行的顺序性、封闭性、确定性和可再现性可给程序的编制、调试带来很大方便,但作业的串行执行将导致计算机系统的资源利用率低、吞吐量小。

2. 程序的并发执行

为了解决程序顺序执行效率低的问题,操作系统引入了多道程序设计和并发执行的概念,以增强计算机系统的处理能力,提高各种资源的利用率。并发执行是指一个程序的执行还没结束,另一个程序的执行已经开始了。宏观上,系统在一段时间内完成或执行了多道程序或作业;微观上,在单 CPU 环境中(即只有一个 CPU 并且是单核的 CPU 的计算机系统)任何时刻只有一个程序获得 CPU 并运行。

如前所述,假设系统中有三道作业或程序,它们由输入、计算和输出这三个步骤组成。系统在处理这三道程序时,各步骤之间有时并不存在严格的执行次序,它们可以并发执行。假设它们并发执行的流程如图 2-2 所示。

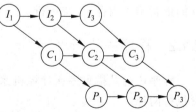

图 2-2　程序并发执行的流程

当第 1 道程序的输入结束后,其计算过程可以开始。在第 1 道程序在计算过程中,系统的输入设备已空闲,因而可用来处理第 2 道程序的输入操作,即 I_2 和 C_1 可同时进行,使得 CPU 和外设并行工作。同理,P_1、C_2 和 I_3 也可并发执行,其他过程依次类推。这种执行过程就是程序的并发执行,即第 1 道程序在执行结束前,第 2 道、第 3 道也在处理过程中,它充分利用了 CPU 与外设并行工作的能力。

程序并发执行的特点:

(1) 间断性:程序并发执行时,由于与其他程序之间共享资源或相互合作,形成了相互制约的关系,致使程序执行时具有"执行—暂停—执行"的间断性活动规律。

(2) 失去封闭性:程序并发执行时,系统中各类资源被多个程序共享访问,使得程序在运行过程中将受到其他程序的影响,从而失去了封闭性。

(3) 不可再现性:由于失去了封闭性,因此同一个程序多次执行或以不同方式执行时,可能导致出现不同的结果。

假设系统中有两道并发执行的程序 A 和 B,它们共享变量 N,初始值为 0。程序 A 做 $N = N + 1$ 操作,程序 B 要先打印 N 的值,再将 N 值清零。程序 A 和程序 B 执行的顺序若不相同,N 的结果将产生不同的变化,如:

(1) $N = N + 1$ 在 print(N) 和 $N = 0$ 之前,此时 N 的值分别为 1、1、0;

(2) $N = N + 1$ 在 print(N) 和 $N = 0$ 之间,此时 N 的值分别为 0、1、0;

(3) $N = N + 1$ 在 print(N) 和 $N = 0$ 之后,此时 N 的值分别为 0、0、1。

引入并发的目的是为了提高 CPU 等资源的利用率和系统的处理能力,进而提高系统效率,但是可能引起程序结果的不可再现性,因此,必须采用某种措施,使并发程序能保持其结果的可再现性。

1966 年,Bernstein 提出了程序并发执行的条件,称为 Bernstein 条件,以保证并发程序结果的可再现性。该条件是指若多个进程分别对不同的变量集合进行操作,则这些进程可以并发执行。

Bernstein 条件:给定并发程序 P_i,$R(P_i)$ 和 $W(P_i)$ 表示 P_i 在执行期间所读取和修改的变量集合。如果并发执行的程序 P_1 和 P_2 满足 $R(P_1) \bigcap W(P_2) \bigcup R(P_2) \bigcap W(P_1) \bigcup W(P_1) \bigcap W(P_2) = \Phi$,那么 P_1、P_2 可以并发执行,且不会影响最终结果。

【例 2-1】 请使用 Bernstein 条件判断下列四条语句是否可以并发执行。

P_1:a = x * 5;

P_2:b = y - 1;

P_3:c = a - b;

P_4:d = c + 2。

【解答】 这四条语句的读集和写集分别为:

$R(P_1) = \{x\}$, $R(P_2) = \{y\}$, $R(P_3) = \{a, b\}$, $R(P_4) = \{c\}$;

$W(P_1) = \{a\}$, $W(P_2) = \{b\}$, $W(P_3) = \{c\}$, $W(P_4) = \{d\}$。

依据 Bernstein 条件可知:

(1) 由于 $R(P_1) \bigcap W(P_2) \bigcup R(P_2) \bigcap W(P_1) \bigcup W(P_1) \bigcap W(P_2) = \Phi$,因此 P_1 和 P_2 可以并发执行;

(2) 由于 $R(P_3) \bigcap W(P_1) = \{a\} \neq \Phi$,因此 P_1 和 P_3 不能并发执行;

(3) 由于 $R(P_3) \bigcap W(P_2) = \{b\} \neq \Phi$,因此 P_2 和 P_3 不能并发执行;

(4) 由于 $R(P_4) \bigcap W(P_3) = \{c\} \neq \Phi$,因此 P_3 和 P_4 不能并发执行。

值得注意的是,Bernstein 条件在理论上可以保证程序能够并发执行,但在实际情况中,进程之间由于共享某些资源,经常不满足 Bernstein 条件,尽管它们在理论上不能并发执行,但是只要采取适当的措施,它们还是可以正确、安全地并发执行。

2.2 进程的概念

多道程序环境下,程序的执行是动态变化的,在系统中处于"走走停停、停停走走"的运动状态。为了使程序能够并发执行,并能够如实反映程序活动的动态特征,操作系统引入了进程,以对并发执行的程序加以控制和描述。计算机系统中 CPU 是以进程为基本单位进行分配和管理的。

2.2.1 进程的定义

进程的概念是 20 世纪 60 年代初期,首先由麻省理工学院的 MULTICS 系统 IBM 公司的 CTSS/360 系统中引入并实现的。其后,人们对它不断加以改进,从不同的方面对它进行描述。一般而言,进程是指一个具有独立功能的程序在某个数据集上的一次运行过程,它是系统资源分配和调度的基本单位。

进程和程序是两个截然不同的概念,两者的区别如下:

(1) 程序是静态的,它由用户编写的若干代码的集合,可作为资料长期保存;进程是动态的,它是程序在系统中的一次运行过程。

(2) 进程和程序并非一一对应,同一个程序可以由多个进程分别执行,这些进程虽然执行相同的程序,但处理不同的数据;同样,一个进程通过程序间的调用方式,会涉及多个程序。

它们之间的关系类似于菜谱和炒菜,其中程序相当于菜谱,而进程就是每一次按照菜谱炒菜的过程。

2.2.2 进程的特征

进程具有以下 5 个基本特征:

(1) 动态性:进程是程序在 CPU 上的一次执行过程,它具有一定的生命周期,其状态也会不断发生变化,表现为"因创建而产生,因调度而执行,因得不到资源而暂停,因撤销或完成而消亡"。

(2) 并发性:多个进程同时存在于内存中,在一段时间内交替使用 CPU,同时运行。并发性是进程也是操作系统的重要特征。

(3) 独立性:进程实体是一个能独立运行的基本单位,同时也是独立获得资源和独立调度的基本单位。

(4) 异步性:系统中的进程按照各自独立的、不可预知的速度向前推进。

(5) 结构性:进程实体具有一定的结构,它由程序段、数据段和进程控制块组成。

2.3 进程的状态

2.3.1 进程的基本状态

由于共享系统中的资源,因此进程之间相互制约、相互依赖,其整个生命周期呈现为"运行—暂停—运行"。进程在其生命周期中处于创建、就绪、运行、阻塞、终止这五种状态。

(1)创建态:指进程正在被创建或刚刚创建完成,但还没有放入就绪队列之前的状态。

(2)就绪态:指一个进程获得了除 CPU 之外的其他所需资源,一旦获得 CPU 后便可运行的状态。就绪队列是指将系统中所有处于就绪状态的进程,排成一个或多个队列。

(3)运行态:指进程正在 CPU 上运行时的状态。单 CPU 环境中,某个时刻最多只有一个进程处于运行态;而多 CPU 环境中,可能有多个进程同时处于运行态。

(4)阻塞态(也称等待态):指正在运行的进程由于发生某些事件(如输入/输出请求、申请额外资源等)暂时无法继续执行的状态,即进程的运行受到了阻塞。阻塞(等待)队列是指将系统中所有处于阻塞态的进程,组织成一个或多个队列。

(5)终止态:指一个进程正常结束或异常被终止,但该进程所拥有的资源(如进程控制块 PCB)还未完全被撤销时的状态。

2.3.2 进程的状态转换

进程最初始于创建态,在随后的推进过程中,将在就绪态、运行态和阻塞态之间相互转换,最后结束于终止态。

进程的创建过程由多个步骤组成:首先申请一个空白进程控制块,并填写用于控制和管理进程的信息;然后为该进程分配必要的资源;最后将该进程插入就绪队列,其状态也转换为就绪态。如果在创建过程中,进程所需的资源不能得到满足,导致创建未完成,进程不能被调度运行,此时进程所处的状态称为创建态。操作系统初始化时,创建第一个进程,然后由该进程不断地创建其他进程,此外,其他进程也可以通过系统调用方式,创建新的子进程,从而形成进程间的层次体系,称为进程树或进程家族。

进程自然结束或被其他有终止权的进程所终结时,将进入终止态。进入终止态的进程以后不能再执行,但系统暂时为其保留相关状态和计时统计数据,供其他进程使用。一旦其他进程提取了信息后,系统将删除该进程(即清空进程控制块),并将其所占用的空间返还给系统。

进程在推进过程中的状态转换过程如图 2-3 所示。

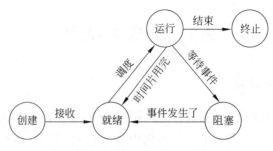

图 2-3　进程状态的变化

(1) NULL→创建态：程序执行时，先创建一个新的进程。

(2) 创建态→就绪态：进程创建并获得了除 CPU 外其他相关资源后，将被移至就绪队列，此时处于就绪态。

(3) 就绪态→运行态：处于就绪态的进程被进程调度程序按某种调度算法选中后，被分配 CPU 上运行，此时，该进程的状态就由就绪态转变为运行态。

(4) 运行态→阻塞态：正在运行的进程由于等待某个事件(如 I/O 请求或等待某个资源)的发生而无法继续运行，只好暂停运行，此时进程就由运行态转变为阻塞态。

(5) 阻塞态→就绪态：处于阻塞队列中的进程，如果所需要的资源得到满足或完成 I/O 响应，将会被唤醒，重新回到就绪队列，等待下一次调度。

(6) 运行态→就绪态：正在运行的进程由于系统分配给它的时间片用完结束，或因优先级较低而暂停运行，重新回到就绪队列，等待下一次调度。

(7) 运行态→终止态：正在运行的进程由于自然结束或因执行错误而陷入内核，而结束运行并作结束处理。

2.3.3　进程的挂起状态

为了更有效地使用系统有限的资源，部分现代操作系统中引入了挂起状态。进程被挂起意味着该进程处于静止状态。此时，若进程正在执行，则将暂停执行；若进程处于就绪状态，则挂起后该进程暂时不接受调度。引入挂起状态主要是基于下列需求：

(1) 系统需求：系统运转过程中，有时需要挂起某些进程，检查资源的使用情况，以便调整系统负荷，改善系统运行性能；或是系统在出现故障或受到破坏时，需要挂起某些进程，以排除故障。

(2) 父进程需求：父进程需要考察或修改子进程，或者协调各子进程之间的活动，要求挂起自己的子进程。

(3) 用户需求：用户在运行期间发现可疑问题时，要求挂起自己的子进程，以便进行某些程序的调试、检查和改正。

(4) 对换需求：系统为了缓和内存和其他资源的紧张情况，将处于等待状态的进程挂起，并将它们从内存换出到外存，腾出内存空间给其他进程。

引入挂起状态后，若进程被挂起，则处于静止状态；反之，若未被挂起，则处于活动状态。进程的状态转换情况如图 2-4 所示,其中除上节所述的转换外,还增加了以下几种状态转换。

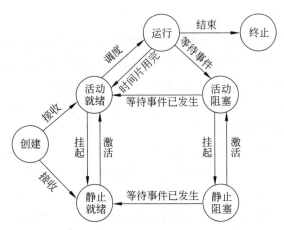

图 2-4　具有挂起功能的进程状态及其转换

(1) 创建→活动就绪:系统完成进程创建的必要操作后,在性能和内存容量许可的情况下,将该进程的状态转换为活动就绪状态。

(2) 创建→静止就绪:系统完成进程创建的必要操作后,若性能和内存容量不许可,则不分配给该进程所需资源,并将该进程存放在外存,其状态转为静止就绪状态。

(3) 活动就绪→静止就绪:系统使用挂起命令,将(活动)就绪队列中的某些进程挂起,这些进程就处于静止就绪状态,暂时无法被调度执行。

(4) 活动阻塞→静止阻塞:系统使用挂起命令,将(活动)阻塞队列中的某些进程挂起,这些进程就处于静止阻塞状态,当这些进程在其所期待的事件出现后,则将从静止阻塞变为静止就绪状态。

(5) 静止就绪→活动就绪:处于静止就绪状态的进程被使用激活命令激活后,将变为活动就绪状态。

(6) 静止阻塞→活动阻塞:处于静止阻塞状态的进程被使用激活命令激活后,将变为活动阻塞状态。

2.4　进程的描述

2.4.1　进程结构

进程是程序的一次运行过程,它是由程序段、数据段和进程控制块(PCB)组成的一个实体,其中:

(1) 程序段:对应程序的操作代码部分,用于描述进程所需要完成的功能。

(2) 数据段:对应程序执行时所需要的数据部分,包括数据、堆栈和工作区。

(3) 进程控制块:记录了进程运行时所需要的全部信息,它是进程存在的唯一标识,与进程一一对应。

2.4.2　进程控制块

进程控制块(PCB)是进程实体的重要组成部分,它记录了操作系统所需要的、用于描述进程情况及控制进程运行所需要的全部信息。原来不能独立运行的程序或数据,通过 PCB 就可成为一个可以独立运行的基本单位。系统通过 PCB 感知进程的存在,并对其进行有效管理与控制。系统创建一个新进程时,为它建立一个 PCB;当进程结束时,系统又回收其 PCB,该进程也随之消亡。

进程控制块主要包括下述四个方面的信息:

(1) 进程标识符信息:用于标识、区分一个进程,通常有外部标识符和内部标识符两类。外部标识符通常是由字母、数字所组成的一个字符串,用户或其他进程访问该进程时使用。内部标识符是操作系统为每个进程赋予的唯一一个整数,是作为内部识别而设置的。

(2) 进程调度信息:用于描述与进程调度有关的状态信息,包括进程状态、进程优先权、调度信息和等待事件等。进程状态指明进程当前的状态,作为进程调度和对换时的依据;进程优先权说明进程使用 CPU 的优先级别,其中优先权高的进程将优先获得CPU;调度信息描述与进程调度算法相关的信息,如进程等待时间、已运行的时间等;等待事件是指进程由运行态转变为阻塞态时所等待发生的事件。

(3) CPU 状态信息:用于保留进程运行时 CPU 的各种信息,使得进程暂停运行后,下次重新运行时能从上次停止的地方继续运行。CPU 状态信息通常包含通用寄存器、控制和状态寄存器、用户栈指针等。CPU 状态字记载了程序执行的状态信息,如条件码、外中断屏蔽标识、执行状态(核心态或用户态)标识等。

(4) 进程控制信息:包括进程资源、控制机制等一些进程运行时所需要的信息,如:

① 程序和数据地址:指该进程的程序和数据所在的内存和外存地址,以便该进程再次运行时,能够找到程序和数据。

② 进程同步和通信机制:指实现进程同步和通信时所采用的机制,如消息队列指针、信号量等。

③ 资源清单:指除 CPU 外,进程所需的全部资源和已经分配到的资源。

④ 链接指针:用于指向该进程所在队列的下一个进程的 PCB 首地址。

2.5　进程的组织

多道程序设计环境中,系统通常拥有数十个、数百个乃至数千个进程。为管理方便,系统将处于相同状态的进程组织在一起,形成一个或多个队列,以节省系统查找进程的时间。进程的组织结构如图 2-5 所示。

如前所述,系统是通过 PCB 感知进程的存在,且每个进程都有唯一的 PCB。由于 PCB

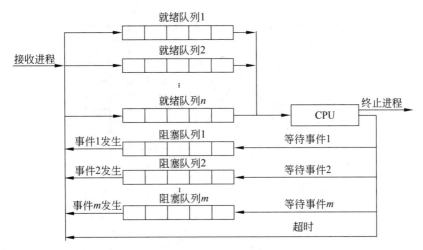

图 2-5 进程状态变化的实现

经常被系统访问,因此常驻内存。为了有效地管理系统中数量众多的 PCB,系统必须采取适当的方式将它们组织在一起。常用的进程组织方式有线性表、链接和索引方式。

1. 线性表方式

系统按照进程号或进程创建的先后顺序,而不管其处于何种状态,将所有进程的 PCB 组织成一个线性表,其中该表的首地址存放在内存的一个专用区域中,如图 2-6 所示。

线性表组织方式的特点是实现简单、开销小,但每次查找时都需要扫描整张表格,因而费用较高,仅适合进程数量不多的系统。

图 2-6 PCB 线性表组织方式

2. 链接方式

系统采用链接指针方式,将具有相同状态进程的 PCB 链接成队列,如就绪队列、阻塞队列、空闲队列等。每个队列由一个头指针指向队列的第一个 PCB,其组织方式也采取不同策略。例如,就绪队列中的进程可按优先级高低的方式进行排列,优先级最高的进程其 PCB 排在队首;根据阻塞的原因不同,将处于阻塞态的进程 PCB 排成等待 I/O 队列、等待分配内存队列等;将系统内存的 PCB 区域中所有空闲空间排成空闲队列,以方便 PCB 的分配与回收。链接队列的组织方式如图 2-7 所示。

3. 索引方式

系统根据各个进程的不同状态,建立相应的索引表,其中具有相同状态的进程组织成一个索引表,如就绪索引表、阻塞索引表、空闲索引表等,再由头指针指向各个索引表。每个索引表的表目中记录了具有相同状态的各个 PCB 在内存中的地址。索引表的组织方式如图 2-8 所示。

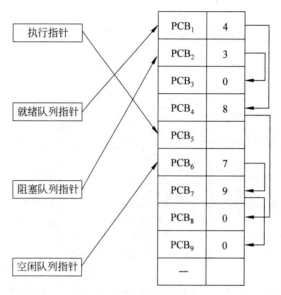

图 2-7　PCB 链接组织方式

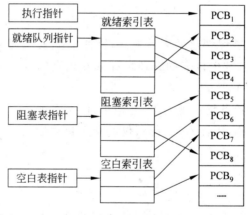

图 2-8　PCB 索引组织方式

2.6　进程的控制

进程控制的主要任务是为作业程序创建进程,撤销已结束的进程,以及控制进程在运行过程中的状态转换,从而达到进程高效执行和协调工作、实现资源共享的目的。

2.6.1　操作系统内核

进程控制一般是由操作系统内核中的原语来实现的。现代操作系统的层次结构设计中,与硬件紧密相关的模块、各种常用设备的驱动程序以及运行频率较高的模块,通常都安排在紧靠硬件的软件层次中。它们常驻内存,因而被称为操作系统内核。操作系统内核的基本功能包括两个方面：一是系统支撑功能,包括中断处理、时钟管理和原语操作等;二是资源管理功能,包括进程管理、存储器管理和设备管理等。

如前所述,为了防止操作系统本身及其关键数据被破坏,CPU 的执行状态通常分成系统态(管态)和用户态(目态)两种。系统态具有最高的特权,能执行一切指令,能访问所有的寄存器和存储区;用户态具有较低特权的执行状态,仅能运行规定的指令,访问指定的寄存器和存储区。通常情况下,用户程序或应用程序只能在用户态运行,既不能执行操作系统指令,也不能访问操作系统区,以防止应用程序对操作系统的破坏。

2.6.2　进程控制原语

原语是指由具有特定功能的、执行过程中不可被中断的指令集合。原语是一个不可分割的基本单位,它只能顺序执行,不能并发执行。原语与系统调用都是通过使用访管指令来实现,但它们是两个不同的概念,区别主要在于:原语是由操作系统内核实现的,而系统调用是由系统进程或系统服务程序实现的;原语在执行过程中不可被中断,而系统调用执行时允许被中断。

用于进程控制的原语主要有:进程的创建、撤销、阻塞、唤醒以及挂起和激活原语。

1. 进程创建

程序在运行之前,必须先创建相应的进程。创建进程的目的是为一个程序建立一个进程控制块,并为它分配地址空间。

引起进程创建的事件主要有以下四类:

(1) 用户登录:分时系统中,用户输入登录命令后,若为合法用户,系统将为该用户建立一个进程。

(2) 作业调度:批处理系统中,当作业调度程序按某种算法调度某个作业时,便将该作业装入内存,分配必要的资源,并为它创建进程。

(3) 提供服务:当运行中的用户进程提出某种请求(如文件打印)后,系统将专门创建一个进程,以提供用户所需要的服务。

(4) 应用请求:应用进程根据自己的需要,创建一个新的子进程。

系统获取创建进程的需求后,调用进程创建原语,按照下列步骤创建一个新的进程:

(1) 为新进程分配唯一的进程标识符,并从 PCB 队列中申请一个空闲的 PCB。

(2) 为新进程分配必要的内存空间和其他各种资源。

(3) 初始化 PCB 中的相应信息,如标识信息、CPU 信息、进程控制信息。

(4) 若条件许可,将新进程的 PCB 插入到就绪队列中。

2. 进程撤销

当一个进程正常运行结束或者在运行过程中出现了异常或故障时,系统或该进程的父进程需要调用进程撤销原语,回收其所占用的内存,释放相应的资源,撤销该进程的PCB。进程在被撤销时,其子进程也应被撤销。引起进程撤销的事件主要有三类:进程正常运行结束、进程出现异常错误(如执行了非法指令、算术运算错误、地址越界、I/O 故障等)和进程应外界请求而终止运行。

系统获取撤销进程的请求后,调用进程撤销原语,按照下列步骤撤销一个进程:

(1) 根据被撤销进程的标识符,从相应的 PCB 队列中寻找到该进程的 PCB,获取该进程的状态以及资源占用情况。

(2) 若该进程处于运行态,则立即终止该进程的运行。

(3) 若该进程有子孙进程,则还要终止其子孙进程。

(4) 释放并回收该进程所占有的全部资源,将资源归还给父进程或操作系统。

(5) 将被撤销进程的 PCB 从所在队列中移出,撤销该进程的 PCB,并将其加入到空闲 PCB 队列中。

3. 进程阻塞

正在运行的进程,由于发生等待事件(例如等待 I/O,等待其他进程发来的消息)而不能继续运行下去时,需要调用阻塞原语阻塞自己。引起进程阻塞的事件主要有四类:请求系统服务、启动某种操作、新数据尚未到达和无新工作可做。

系统获得阻塞进程的请求后,调用阻塞原语,按照下列步骤阻塞指定的进程:

(1) 立即停止执行该进程。

(2) 修改该进程 PCB 的相关信息,如将运行状态变为阻塞状态,并指出阻塞的原因。

(3) 将修改后的 PCB 插入到对应的阻塞队列。

(4) 转入进程调度程序,重新调度就绪队列中的其他就绪进程。

4. 进程唤醒

当阻塞队列中的进程所等待的事件发生了,系统调用阻塞原语,唤醒由于等待该事件而进入阻塞状态的进程。系统将被唤醒的进程从该阻塞队列中移出,并插入到就绪队列。阻塞和唤醒原语的作用正好相反:进程由于等待某事件的发生而调用阻塞原语进行阻塞,若事件已发生,则需使用唤醒原语将其唤醒,否则该进程就永远处于阻塞状态。引起进程唤醒的事件主要有四类:请求系统服务得到满足、启动某种操作已完成、新数据已经到达和有新工作可做。

系统获得唤醒进程的请求后,调用进程唤醒原语,按照下列步骤唤醒指定的进程:

(1) 根据事件原因,从相应的阻塞队列中找到该进程的 PCB。

(2) 将该进程从阻塞队列中移出。

(3) 修改该进程的 PCB,并将进程状态由阻塞改为就绪。

(4) 将修改后的 PCB 插入到就绪队列。

5. 进程的挂起

系统中若出现了引起挂起事件,则利用挂起原语将指定的进程挂起,使其暂停运行,并将该进程由活动状态改为静止状态,其 PCB 也相应地换到外存的对换区中。引起进程挂起的事件主要有四类:系统需求、父进程需求、用户需求和对换需求。

系统获得挂起进程的请求后,调用进程挂起原语,按照下列步骤挂起指定的进程:

(1) 根据事件原因,从相应队列中查找并得到该进程的 PCB。

(2) 检查要被挂起进程当前的状态,并进行相应处理:若该进程正处于运行态,则停止运行,修改其状态为静止就绪;若该进程为活动阻塞状态,则将其状态改为静止阻塞,并插入到相应的阻塞队列;若该进程为活动就绪状态,则将其状态改为静止就绪状态,并插入到相应的静止就绪队列。

(3) 将被挂起进程的 PCB 非常驻内存部分交换到磁盘对换区。

6. 进程的激活

当挂起事件已结束,如内存资源充裕或进程请求激活指定进程等,系统或有关进程调用激活原语将指定的进程由静止态激活为活动态,并将其从静止状态队列中移出,重新插入到活动状态队列。激活原语与挂起原语的作用正好相反:进程由于需要而调用挂起原语,暂停运行或调度,若挂起事件已结束,则需使用激活原语将其激活,以便重新调用或运行。

系统获得激活进程的请求后,调用激活原语,按照下列步骤激活指定的进程:

(1) 根据激活事件,从相应队列中查找并得到被激活进程的 PCB。

(2) 根据被激活进程的状态,进行相应处理:若该进程的状态为静止阻塞,则将其状态修改为活动阻塞,并插入相应的活动阻塞队列;若状态为静止就绪,则修改为活动就绪,并插入活动就绪队列。

2.7　线　　程

自 20 世纪 60 年代引入进程以来,它已是操作系统中最重要、最基本的概念。随着计算机技术的发展和应用的深入,传统的进程概念已经越来越不适应新的需要了,特别是计算机网络、数据库以及并行技术的发展,使进程的局限性越来越明显。20 世纪 80 年代,人们又提出了比进程更小的、能独立运行的基本单位——线程,以进一步改善系统的性能。现在多线程技术作为一项重要的技术,除了应用于操作系统(如 Windows、Linux、Solaris 和 OS/2 等)中,在计算机网络、数据库管理系统以及应用软件中也有着广泛的应用。

2.7.1　线程的引入

进程由进程控制块、程序块、数据块和堆栈组成。进程创建后,系统需分配该进程基本的内存空间以及所需要的其他各种外围设备资源和软件资源等。随着计算机技术的发展,基于进程的并发程序设计存在一定的效率问题:

(1) 进程粒度大、切换开销高:作为资源分配和调度的基本单位,进程状态的频繁切换,以及现场保护和恢复将浪费大量的 CPU 时间。此外,系统内存空间的容量也限制了可容纳进程的总数。

（2）进程的并发程度不高：进程包含信息较多、粒度太粗，导致其切换频率不宜太高，从而限制了进程的并发程度。此外，进程的切换、进程之间的通信等开销较大，导致进程不适合并行计算、分布式计算的要求。

为了解决进程所带来的上述问题，人们将进程的两个属性（"独立分配资源"与"被调度执行"）分离，即作为调度和分配的基本单位，不能同时作为独立分配资源的单位；而对于拥有资源的单位，不必频繁切换，进而提出了线程的概念。

1. 线程的概念

线程是系统独立调度和 CPU 分配的最小单位，它是进程中的一个实体，除拥有运行中必不可少的资源（程序计数器、寄存器和栈等）外，不拥有其他系统资源，故而又称轻量级进程。尽管线程不拥有系统资源，但它可与同属一个进程的其他线程一起共享该进程所拥有的全部资源。

多线程环境下，进程是系统进行资源分配的基本单位，仍然有一个进程控制块和用户地址空间（如 CPU、I/O 资源、文件以及其他资源等）。线程是 CPU 调度和分派的基本单位，拥有自己独立的堆栈和线程控制块，它是进程的组成部分，且能在进程中并发执行。线程和进程是两个既相互联系又相互区别的概念，具体介绍如下：

（1）划分尺度：线程是进程的一个执行单元，因而粒度更小。

（2）资源分配：进程是资源分配的基本单位，而线程不拥有系统资源，此外，同一进程内多个线程可共享该进程的资源。

（3）地址空间：进程拥有独立的地址空间，而线程没有独立的地址空间，但它与其他线程一起共享其所属进程的地址空间。

（4）CPU 调度：线程是 CPU 调度的基本单位。

（5）并发执行：一个进程可包含多个线程，但每个线程只能属于一个进程，因而线程并发程度更高。

每个进程可以包含多个线程，它们共享所属进程所拥有的资源及地址空间，因而可访问相同的数据。进程与线程之间的关系如图 2-9 所示。

由此可见，线程可以大大减少程序并发执行时所付出的时间和空间开销，从而极大地提高了系统效率。

2. 线程的状态

线程与进程类似，在整个运行期间具有三种状态：

（1）就绪态：指线程已经具备了各种执行条件，若获得 CPU 便可以立即执行。

（2）运行态：指线程已经获得了 CPU，并处于执行过程中。

（3）阻塞态：指线程在执行中，因某事件出现而受到阻塞，处于暂停执行状态。

线程状态之间的转换和进程状态之间的转换相同。由于线程不是资源的拥有单位，因此没有挂起状态。此外，若进程由于系统性能原因而被挂起，则它所包含的所有线程都必须对换出去。

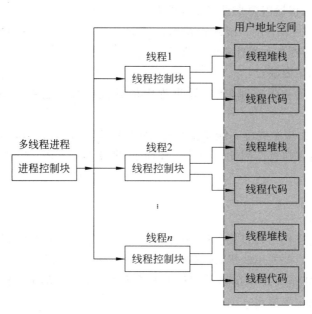

图 2-9 多线程进程模型

3. 线程控制块

在结构组成方面,线程由线程控制块、用户堆栈、系统堆栈以及一组 CPU 状态寄存器和一个私用内存存储区组成。线程控制块是线程是否存在的唯一标志,它通常包括线程标识符、一组寄存器(程序计数器,状态寄存器和通用寄存器)、线程运行状态、优先级、线程专有存储区(用于线程切换时存放现场保护信息等)、信号屏蔽、堆栈指针等。

2.7.2 线程的类型

根据切换操作是否依赖内核,线程可分为三类:用户级线程、内核级线程和混合型线程。

1. 用户级线程

用户级线程是指线程的所有管理和控制任务全部由应用程序来完成,在用户空间内实现,并由线程库来支撑。线程库是用户级线程管理的例行程序包,它包含了用于创建和撤销线程的例程、在线程之间传递消息和数据的例程、线程调度以及保存和恢复线程的代码。

用户级线程的主要优点:

(1)线程切换开销小:由于所有用户级线程的管理都在用户地址空间的进程内进行,而不需要在系统态与用户态之间转换,因而节省了模式切换的开销,减轻了系统的开销及负担。

(2)管理控制方便:用户级线程属于应用程序,因而应用程序可以更加灵活地管理、控制线程,甚至可以根据需要来设定线程的调度算法、优先级等。

(3) 健壮、实用性强:用户级线程在用户空间运行,其创建、撤销和切换均由自己的线程库实现,因而可在各种操作系统中运行。

用户级线程的主要缺点:

(1) 当某个线程被阻塞时,其所属进程中的其他线程也会被阻塞,导致系统效率较低。

(2) 相同进程中多个线程不能真正并行,因为 CPU 一次只能分配给一个进程,且只有其中一个线程可以执行。因此,多 CPU 环境下,即使其他 CPU 空闲,该进程中的其他线程也不能执行。

2. 内核级线程

内核级线程由操作系统直接支持,其创建、调度和管理都依赖于系统内核,由内核来实现。应用程序若需要使用线程,则必须通过调用内核提供的应用程序接口来实现。目前,大多数现代操作系统如 Windows、Mach 和 OS/2 等实现的都是内核级线程。

内核级线程的主要特点:

(1) 同一进程内的多个线程可以并行执行,如果进程中的一个线程被阻塞,内核既可调用相同进程中的其他线程运行,也可以调度其他进程中的线程运行。

(2) 内核线程具有很小的数据结构和堆栈,且切换速度快,从而大大地提高了操作系统的性能和效率。

(3) 多 CPU 环境中,内核可同时将一个进程的多个线程分配到多个 CPU 执行。

由于内核级线程的管理和调度均在系统内核(系统态)中进行,而应用程序则在用户态下运行,因此,同一个进程中的线程切换经常会引起从用户态到系统态、从系统态再到用户态之间的转换,从而导致系统内核的开销和负担较重。

3. 混合式线程

用户级线程和内核级线程各有优缺点,为此,SUN 公司在 Solaris 操作系统中综合了两者的特点,提出了混合式线程,它同时实现了用户级线程和内核级线程。混合式线程环境中,系统内核支持对线程的管理和控制,同时也提供线程库,使得用户也可以建立、调度和管理用户级线程。这种情况下,一个用户应用程序中的多个线程既可以在多处理器上并行运行,同时阻塞一个线程也不需要封锁整个进程。

习　题

1. 为什么处理机要区分核心态和用户态两种操作方式? 什么情况下进行两种方式的转换?

2. 系统调用与原语有何相同和不同? 它们是特权指令吗?

3. 简述并行与并发的异同。

4. 简述程序、作业和进程的异同。

5. 简述进程、线程和管程的异同。

6. 进程有哪些特征？

7. 进程有哪些基本状态？试画出进程的状态转换图。

8. 简述进程控制块的作用及其初始化工作过程。

9. 操作系统中引入线程概念的主要目的是什么？

10. 并发执行进程结果的可再现性的 Bernstein 条件是什么？

11. 实现线程有几种方法？各有什么优缺点？

12. 简述用户级线程和核心级线程的优缺点。

13. 回答下列问题：

(1) 若系统中没有运行进程，是否一定没有就绪进程？为什么？

(2) 若系统中既没有运行进程，也没有就绪进程，那么系统中是否没有进程？请解释。

(3) 在采用优先级进程调度时，运行进程是否一定是系统中优先级最高的进程？

第3章

chapter 3

进 程 同 步

操作系统引入进程后,虽然改善了资源的利用率,提高了系统的吞吐量,但是系统中的多个进程由于竞争使用系统资源,导致它们之间存在一定的相互依赖、相互制约的关系。为了有效地协调各个并发进程间的关系,系统必须采用同步机制,确保进程之间能正确地竞争资源,并相互协调、相互合作。

3.1 基 本 概 念

3.1.1 进程的制约关系

多道程序环境下,系统中存在着多个并发进程。这些并发进程之间可能相互独立,即一个进程的执行不影响其他进程的执行,此时系统无须对这些并发进程进行特别控制;并发进程之间也可能彼此相关、相互影响,即一个进程的执行可能影响其他进程的执行结果,此时,系统就需要合理地控制和协调这些进程的执行。根据共享资源性质的不同,并发进程之间的关系可以分为间接制约关系和直接制约关系。

(1) 间接制约关系:也称"竞争关系",指系统中多个进程访问相同的资源,其中一个进程访问资源时,其他需访问此资源的进程必须等待,只有当该进程释放该资源后,其他进程才能访问。进程的竞争关系可通过进程互斥方式来解决。

(2) 直接制约关系:也称"合作关系",指系统中多个进程需要相互合作才能完成同一任务。例如,假设输入进程和计算进程共同使用一个单缓冲区,那么当输入进程将数据写入缓冲区后,计算进程才能开始计算;当计算进程将缓冲区中的数据取走后,输入进程才可以再次向缓冲区中写入数据。进程的合作关系可通过进程同步机制来实现。

3.1.2 进程互斥与同步

1. 临界资源及临界区

为了便于控制和管理竞争资源,系统引入了临界资源和临界区的概念:

(1) 临界资源:指一次只允许一个进程访问的资源。临界资源在任何时刻都不允许两个及以上并发进程同时访问。系统中有许多独占性硬件资源(如卡片输入机和打印机等)和软件资源(如变量、表格、队列、栈和文件等)均属于临界资源。

(2)临界区:指进程访问临界资源的那段程序代码。

系统若能保证进程互斥地进入各自的临界区,便可实现临界资源的互斥访问。

2. 进程互斥

进程互斥是指当一个进程进入临界区使用临界资源时,其他进程必须等待。当占用临界资源的进程退出临界区后,另外一个进程才被允许使用临界资源。

若要实现各进程对临界资源的互斥访问,则需要保证各进程互斥地进入自己的临界区。进程在进入临界区之前,应先对临界资源进行检查,确认该资源是否正在被访问。若临界资源正被其他进程访问,则该进程不能进入临界区;若临界资源空闲,该进程便可以进入临界区对临界资源进行访问,并将该资源的标志设置为正在被访问。因此,进程访问临界资源前,应增加一段用于进行上述检查的代码,这段代码称为进入临界区;临界资源访问结束后,也要增加一段用于将临界资源标志恢复为未被访问的代码,这段代码称为退出临界区。临界区的框架如下:

```
do{
        进入临界区
        访问临界资源
        退出临界区
        其余代码
} while(1);
```

3. 进程同步

进程同步是指多个进程为了合作完成同一个任务,在执行次序上相互协调、相互合作,在一些关键点上还需要相互等待或相互通信。

进程同步的例子在现实生活中随处可见,如司机与售票员的关系。公共汽车的司机负责开车和到站停车,售票员负责售票和开关车门,他们之间是相互合作、相互配合的。例如车门关闭后才能启动,到站停车后才能打开车门,即"启动汽车"在"关闭车门"之后,而"打开车门"在"到站停车"之后。司机和售票员之间的活动关系如图 3-1 所示。

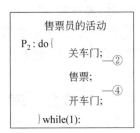

图 3-1 司机与售票员的关系

若进程 P_1 和 P_2 分别表示司机和售票员,当它们并发向前推进时,则需满足以下要求:

(1) 若 P_1 推进到①,但 P_2 未到达②时,则 P_1 应等待,直到 P_2 到达②为止。

(2) 若 P_2 推进到④,但 P_1 未到达③时,则 P_2 应等待,直到 P_1 到达③为止。

(3) 若 P_1 在①处等待,则当 P_2 到达②处时,应通知(唤醒)P_1。

(4) 若 P_2 在④处等待,则当 P_1 到达③处时,应通知(唤醒)P_2。

由此可知,为了协调进程推进次序,相互合作的并发进程有时需要互相等待与互相唤醒。

4. 同步与互斥的关系

同步与互斥是并发进程之间两种重要关系,其中互斥反映了进程间的竞争关系,而同步则反映了进程间的合作关系。

进程互斥是进程同步的一种特殊情况。例如,某个进程进入临界区时,其他进程不允许进入临界区。当进程完成任务离开临界区,并归还临界资源后,唤醒其等待进入临界区的进程。这说明互斥的进程也存在特殊的合作关系。因此,互斥是一种特殊的同步关系。

互斥所涉及的并发进程之间只是竞争获得共享资源的使用权,这种竞争没有固定的、必然的联系,谁竞争到资源,谁就拥有资源的使用权,直到不需要时才归还;而同步所涉及的并发进程之间有一种必然的联系,在进程同步过程中,即使没有进程使用共享资源,尚未得到同步消息的进程也不能去使用共享资源。

5. 临界区的管理准则

为了实现进程的同步与互斥,可以利用软件方法或在系统中设置专门的同步机制,协调各个并发进程。同步机制必须遵循以下 4 条准则:

(1) 闲则让进:当临界资源处于空闲状态时,系统应允许一个请求访问该临界资源的进程进入自己的临界区,访问该临界资源。

(2) 忙则等待:当临界资源正在被访问时,其他试图进入临界区访问该临界资源的进程必须等待,以保证临界资源的互斥访问。

(3) 有限等待:对于等待访问临界资源的进程,系统应保证这些等待进程在有限时间内能进入临界区,访问临界资源,以避免陷入"死等"状态。

(4) 让权等待:当进程不能进入临界区访问临界资源时,应立即释放 CPU,以免该进程陷入"忙等"(即等待时占有 CPU)状态。

3.2 同 步 机 制

进程同步机制的基本目标是在功能上保证进程能够正确地互斥执行各自的临界区,其具体的实现方法包括软件方法、硬件方法、信号量方法和管程这四大类。

3.2.1 软件方法

软件方法是指通过编写程序代码方式进入临界区,以访问临界资源。此方法既适用于单 CPU 环境,也适用于多 CPU 环境,只需这些 CPU 共享一个存储区,且各个进程对该存储区串行访问即可。

下面通过程序伪代码方式说明实现进程之间互斥访问临界资源的软件方法。

1. 算法 1

该算法的基本思想:若一个进程申请使用临界资源,应先查看该资源当前是否被一个进程访问。若资源正在被访问,则该进程只能等待,否则进入自己的临界区执行。下面是进程 P_1 和 P_2 的程序伪代码,其中 inside1 和 inside2 为布尔型变量,且初值均 false,表示 P_1 和 P_2 均不在其临界区内。

```
boolean inside1,inside2;
inside1 =false;   //P1 不在其临界区内
inside2 =false;   //P2 不在其临界区内
cobegin
    process P1 ( ){
        while(inside2);
        inside1 =ture;
        访问临界资源;
        inside1=false;
    }
    process P2( ){
        while(inside1);
        inside2 =ture;
        访问临界资源;
        inside2=false;
    }
coend
```

该算法虽然实现了进程互斥管理的"闲则让进"准则,保证了每次只允许一个进程进入临界区,但违背了"忙则等待"准则。例如,假设 P_1 和 P_2 先后执行"while(inside2);"和"while(inside1);",发现对方均不在临界区内,则它们执行"inside1 = true;"和"inside2 = true;",并进入了各自临界区内,同时访问该临界资源。

2. 算法 2

算法 1 违背了"忙则等待"准则,没有实现对临界区的互斥访问。算法 2 对其进行了改进,即进程若想进入临界区,必须抢先将自己的标志设置为 true,以防止对方再进入临界区。

算法 2 的程序伪代码如下:

```
boolean inside1,inside2;
inside1 =false;   //P1 不在其临界区内
inside2 =false;   //P2 不在其临界区内
cobegin
    process P1 ( ){
        inside1 =ture;
        while(inside2);
        访问临界资源;
        inside1=false;
    }
    process P2 ( ){
        inside2 =ture;
        while(inside1 );
        访问临界资源;
        inside2 =false;
    }
coend
```

算法 2 虽然解决了"忙则等待"问题,但存在着"有限等待"问题。例如,当 P_1 和 P_2 都判断对方不在临界区时,P_1 执行"inside1 = true;",此时 P_2 同样也执行"inside2 = true;",然后 P_1 和 P_2 分别执行"while(inside2);"和"while(inside1);"时,均因为条件不满足,而无法往下执行,导致 P_1 和 P_2 将陷入无限等待状态。

3. Peterson 算法

Peterson 采用了原语形式,提出了一种表述简单的算法,很好地解决了临界区互斥的问题,能满足临界区访问的四个条件。Peterson 算法的基本思想:当一个进程需要进入临界区,需先调用 enter_section( )函数,判断是否可以安全进入临界区,若不能则等待;当从临界区退出后,调用 leave_section( )函数,允许其他进程进入临界区。Peterson 算法流程如下:

```
#define   FALSE   0
#define   TRUE   1
#define  N   2                          //竞争资源的进程数目
int observer;                           //轮到哪个进程观察要进入临界区的情况
int wanted_in(N);                       //各进程希望进入临界区的标志
enter_section(process)                  //进入临界区的互斥控制函数
int process;                            //进程编号,0 或 1
{
    int other;                          //对方进程号
    other=1-process;
    wanted_in[process]=TRUE;            //本进程要进入临界区
    observer=process;                   //观察进入临界区的情况,设置标志位
    while(observer==process&&wanted_in[other]);  //等待,什么都不做
}
```

```
leaver_section(process)              //退出临界区函数
int process;
{
      wanted_in[process]=FALSE;      //离开了临界区
}
```

3.2.2 硬件方法

软件方法相对复杂且容易出错,因而现在系统较少采用。目前常用的是通过硬件方法实现同步互斥操作。

1. 开关中断法

开关中断法采用中断方式,借助硬件中断机构实现临界区的管理。当进程进入临界区后,关闭系统中断;离开临界区时,重新开启系统中断。由于进程切换是由时钟或其他中断导致,因而当中断被屏蔽后,其他进程无法获得 CPU 调度,导致无法运行,从而实现了临界区的互斥访问。进程进入临界区后,只要不自行挂起,就会连续地执行,直至退出临界区,并在执行开中断指令后,才可能重新调度,允许其他进程进入临界区。

```
do{
      开中断

      访问临界资源

      关中断

      其余代码
} while(1);
```

开关中断方法具有效率高、简单易行,且系统不会出现忙等现象;但其缺点也较明显,如只适用于单 CPU 系统和系统效率较低,进而影响系统处理紧迫事件的能力。多 CPU 系统中,禁止中断只会影响当前 CPU,而其他 CPU 上并行执行的进程仍然能不受阻碍地进入临界区。

2. 测试与设置方法

测试和设置(Test and Set,TS)方法利用指令读取内存中某个变量的值后,重新给它赋一个新值。TS 指令定义如下:

```
int  TS(int * target){
     int temp;
     temp= * target;
     * target=1;
     return(temp);
}
```

TS 指令首先读取当前变量的值,作为参数返回,同时将其值置为 1。由于该指令是原子操作,因此,它在执行期间不允许被打断,即所有语句要么全执行,要么都不执行。

TS 指令可用来实现进程互斥操作。具体地,设置一个共享变量(如 lock),置其初值为 0,表示临界区内没有进程。每个进程在进入临界区之前,先使用 TS 指令测试该共享变量。若其值为 0,则进入临界区,并将其值置为 1;若其值为 1,则表明其他进程已进入临界区,此时该进程需等待。进程离开临界区时,需将共享变量的值置为 0。使用 TS 指令的互斥算法如下:

```
while(1) {
    while(TS(lock));
    访问临界资源;
    lock=0;
}
```

尽管上面算法可以实现进程互斥操作,但仍然存在"忙碌等待",浪费了 CPU 宝贵的资源,因而实际情况中较少使用。

3. swap 指令

Swap 指令也称交换指令,其功能是交换两个变量的值,具体实现如下:

```
void  swap(int * a, * b){
    int temp;
    temp= * a; * a= * b; * b=temp;
}
```

Swap 指令是原子操作,执行期间是不可分割的。使用 swap 指令实现进程互斥时,需对临界区(可表示为一组共享变量)定义一个全局变量(如 lock),并对每个进程定义一个局部变量(如 key)。利用 swap 指令实现的进程互斥算法具体实现如下:

```
key=1;
do{
    swap(&lock,&key);
    whlie(key==1);
    访问临界资源;
    lock=0;
    其余代码;
} while(1);
```

进程在进入临界区前,利用 swap 指令交换 lock 和 key 的值,检查 key 的状态,判断是否有进程已进入临界区。若其他进程已进入,则该进程不断重复交换和检查过程,直到其他进程退出临界区。

3.3 信号量方法

由于硬件方法采用原语或指令形式,将修改和检查作为一个不可分割的整体,因而比软件方法具有明显的优势。然而,进入临界区的进程是随机选择的,使得部分进程可能一直未被选择,从而导致"饥饿"现象。为此,实际系统中常采用信号量机制和 PV 操作进程互斥。

信号量机制是指两个或多个进程利用彼此之间收发的简单信号来实现并发执行,其中进程若未收到指定的信号,则停留在特定的地方,直至收到了信号后才能继续往下执行。信号量机制目前是一种卓有成效的进程同步机制,已被广泛应用于各种系统。

3.3.1　信号量机制

1. 信号量的概念

信号量(Semaphore)是一种特殊变量,它用来表示系统中资源的使用情况,其值与临界区内所使用的临界资源的状态有关。如果信号量 S 是一个整型变量,则其值表示系统中某类资源的数目。S 必须且只能设置一次初值,并大于或等于 0。当其值大于 0 时,表示系统中对应可用资源的数目;当其值小于 0 时,其绝对值表示等待该类资源的进程的数目;当其值等于 0 时,表示系统中对应资源已用完,且没有进程等待该类资源。

2. 信号量的操作

信号量机制中,信号量的值仅能通过两个标准的原语操作来改变,它们分别是 P 操作和 V 操作。信号量 S 的 P、V 操作表示为:$P(S)$ 和 $V(S)$,也称为 wait 和 signal。由于 P、V 操作是原语,因此,它们在执行的过程中不可中断。

利用信号量和 P、V 操作既可以解决并发进程对资源的竞争问题,又可以解决并发进程的合作问题。进程在互斥访问临界资源、进入临界区前,先执行 P 操作,退出临界区后应执行 V 操作。

3.3.2　信号量的分类

信号量机制自提出以来得到了很大发展,已从最初的单信号量机制发展到多信号量机制。

1. 单信号量机制

单信号量机制是指信号量所涉及的变量只有一个。根据变量的类型,单信号量机制包括互斥型信号量、整型信号量和记录型信号量等,其中互斥型信号量最简单,而记录型信号量表达能力最强。

(1) 互斥型信号量

互斥型信号量也称 0/1 信号量,它的值为 0、1 或 FALSE、TRUE,表示当前信号量所代表的临界资源是否可用,其中 1 或 TRUE 表示临界资源可用,而 0 或 FALSE 表示临界资源当前已被占用。

互斥型信号量定义为:

```
boolean S;                    //互斥信号量的定义
```

互斥型信号量的 P、V 操作描述如下：

```
void P(boolean S) {
    while (!S) ;             //若信号量为 FALSE,表示资源不可用,继续测试
    S =FALSE;                //表示可以进入临界区,同时不允许其他进程进入
}
void V(boolean S) {
    S =TRUE;                 //允许其他进程进入临界区
}
```

（2）整型信号量

互斥型信号量虽然能保证进程互斥地访问临界资源,但不能反映临界资源的数量。针对这个问题,提出了整型信号量,即信号量的类型为整型。整型信号量 S 的初始值应大于等于 0,其值不仅能表示临界资源是否空闲,还具有如下物理意义：

① $S>0$：表示当前有 S 个资源可用；

② $S=0$：表示当前没有资源可用,且没有等待该资源的进程；

③ $S<0$：表示当前有 $|S|$ 个进程正在等待此资源。

整型信号量定义为：

```
int S;                      //整型信号量定义
```

整型信号量的 P、V 操作描述如下：

```
void P(int S) {
    S --;                    //表示申请一个资源
    while (S<0) ;            //若信号量为 0,表示无资源可用,反复测试
}
void V(int S) {
    S ++;                    //表示释放一个资源
}
```

（3）记录型信号量

整型信号量虽然能描述当前可用的资源数量,但当进程检测到无资源可用时,只能反复检测,导致"忙等"现象,不满足"让权等待"准则。为了解决这个问题,提出了记录型信号量机制。记录型信号量是一个记录型的数据结构,它包含两个数据项：一个是表示可用资源数目的整型变量,另一个是与该信号量对应的进程阻塞队列的首指针域。与整型信号量不同的是,若当前无临界资源可用,则申请访问临界资源的进程将被插入阻塞队列中；进程在退出临界区、释放临界资源时,需唤醒阻塞队列中的其他进程。

记录型信号量定义为：

```
struct semaphore            //信号量数据结构定义
{
    int value;
    PCB * P;                 //进程队列指针
}
```

记录型信号量的 P、V 操作描述如下：

```
void P(struct semaphore S) {
    S.value --;                  //表示申请一个资源
    if (S.value<0) block(S.p);
    //若信号量为 0,表示无资源可用,加入阻塞队列,否则进入临界区
}
void V(struct semaphore S) {
    S.value ++;                  //表示释放一个资源
    if (S.value<=0) wakeup(S.p);
    //若信号量<=0,表示有进程等待该资源,唤醒阻塞队列中的进程
}
```

2. 多信号量机制

单信号量机制适用于多个并发进程仅共享一个临界资源的情况,然而一个进程在某些场合同时需要访问两个或更多的共享资源。例如,进程 A 和进程 B 都要求访问数据 D 和 E,可设置互斥信号量 S_d 和 S_e,且初始值均为 1,A 和 B 都包含两个对 S_d 和 S_e 的操作,即：

```
Pa() {                          Pb()  {
    P(Sd);                          P(Se);
    P(Se);                          P(Sd);
}                               }
```

若 A 和 B 按下述次序交替执行 P 操作：

```
Pa():P(Sd);                     //于是 Sd=0
Pb():P(Se);                     //于是 Se=0
Pa():P(Se);                     //于是 Se=-1,A 阻塞
Pb():P(Sd);                     //于是 Sd=-1,B 阻塞
```

最后,A 和 B 都将处于僵持状态,无法继续往前推进。当同时要求访问更多的临界资源时,发生僵持的可能性更大。

为了解决这个问题,提出了多信号量机制。多信号量机制主要有两种,即 AND 型信号量和信号量集。

(1) AND 型信号量

AND 同步机制的基本思想是：将进程整个运行过程中需要的所有资源,一次性全部分配给进程,待进程使用完再一起释放。只要其中有一个资源未能分配给进程,其他所有可能为它分配的资源也不分配给它；即对若干个临界资源的分配采用原子操作方式,要么它请求的资源一次性全部分配,要么一个资源也不分配给它。

AND 型信号量集的 P、V 操作描述如下：

```
void P(S1, S2, .., Sn) {
    while (TRUE)  {
```

```
        if (S₁>=1 && .. && Sₙ>=1) {
            for (i=1; i<=n; i++)  Sᵢ--;       //表示申请 n 个不同的资源
            break;
        }
        else  block();                        //无资源可用,加入阻塞队列
    }
}
void V(S₁, S₂, .., Sₙ)  {
    while (TRUE)  {
        for (i=1; i<=n; i++)  Sᵢ++;           //表示释放 n 个不同的资源
        wakeup();                             //唤醒阻塞队列中的进程
    }
}
```

（2）信号量集

AND 型信号量机制每次只能对某类临界资源进行一个单位的申请或释放。若进程需要 n 个资源时,则需要重复 n 次 P 操作,导致效率低下。此外,它也未考虑每种资源具有不同的数量。

信号量集是在 AND 型信号量的基础上进行扩充的,它在一次 P、V 原语操作中完成所有的资源申请或释放。令 t_i 为信号量 S_i 对应资源的分配下限值,即分配时要求 $S_i > t_i$,否则表明资源数量低于 t_i,此时便不予分配。d_i 为资源 S_i 的申请量,即 $S_i = S_i - d_i$,而不是简单的 $S_i = S_i - 1$。这种情况下,对应的 P、V 操作格式分别为:

$$P(S_1, t_1, d_1, \cdots, S_n, t_n, d_n);$$
$$V(S_1, d_1, \cdots, S_n, d_n);$$

信号量机制有以下几种特殊情况:

① $P(S, 1, 1)$:退化为一般的记录型信号量($S>1$)或互斥信号量($S=1$);

② $P(S, 1, 0)$:一种特殊的信号量(可控开关)。$S \geqslant 1$ 表示允许多个进程进入特定区;$S=0$ 将阻止任何进程进入特定区。

3.3.3　互斥与同步的实现

1. 进程互斥的实现

通过 P、V 操作可实现进程的互斥访问。具体地,首先为临界资源设置一个互斥信号量 S,并设置其初始值,然后各个进程将访问临界资源的临界区代码置于 P(S)操作和 V(S)操作之间,使得进程进入临界区之前,需先执行 P 操作。若该资源未被占用,P 操作成功,进程便可以进入自己的临界区,访问临界资源,此时其他进程若也需访问该资源时,在执行 P 操作时将会受到阻塞,从而保证了临界资源的互斥地访问。当访问临界资源的进程退出临界区时,需对信号量 S 执行 V 操作,以便释放信号量。

P、V 原语实现进程间互斥的具体步骤如下:

（1）为互斥访问的临界资源设置信号量,置其初始值为 1,表示该临界资源未被占

用，即临界资源的可用数量为 1。

（2）执行 P 操作，申请进入临界区。

（3）进入临界区，访问临界资源。

（4）执行 V 操作，释放临界资源，允许其他进程访问。

下面代码表示 n 进程互斥访问临界资源 S：

```
semaphore S=1;
P₁(){                    P₂(){                    Pₙ(){
    while(1){                while(1){                while(1){
        P(S);                    P(S);                    P(S);
        临界区                   临界区        ...        临界区
        V(S);                    V(S);                    V(S);
        剩余区；                 剩余区；                 剩余区；
    }                        }                        }
}                        }                        }
```

使用 P、V 操作时，P、V 操作必须成对出现。缺少 P 操作将会导致系统混乱，不能保证对临界资源的互斥访问，缺少 V 操作将会使临界资源永远不被释放，从而使得因等待该资源阻塞的进程无法得到唤醒。

2. 进程同步的实现

除了进程异步，P、V 操作还能实现进程的同步关系。P、V 操作实现进程同步问题的具体实现如下：

（1）分析所涉及进程之间的制约关系。

（2）设置私用信号量，包括信号量的数量、物理含义及其初值，其中信号量的数量应与进程间制约关系的数量一致，且信号量的初值为 0。

（3）给出进程相应程序的算法描述，并将 P、V 操作加到程序适当的位置。

下面给出一个实例，说明如何使用 P、V 操作实现进程同步关系。假设 P_1 和 P_2 为两个同步进程，它们之间的制约关系是只有当 P_1 完成后，P_2 才可以开始。令 S 为 P_1 和 P_2 的同步信号，其初始值为 0，表示 P_1 执行未结束。它们使用 P、V 操作的具体实现算法如下：

```
semaphore S=0;
P₁(){                    P₂(){
    ...                      P(S);
    计算完成；               计算开始；
    V(S);                    ...
}                        }
```

若 P_1 先执行，当其计算完成后，执行 $V(S)$ 将 S 的值修改为 1，这相当于给 P_2 发送了信号，通知 P_2 可以开始执行。此时，P_2 执行 $P(S)$，检测通过后，开始计算。反之，若 P_2 先执行，当执行到 $P(S)$ 时，由于 S 的值为 -1，进而进入阻塞队列。随后，P_1 开始执行,直至 P_1 顺利完成后,唤醒阻塞队列中的 P_2,这种情况下,P_2 又可以继续往下执行。注意到,P_1 和 P_2 实现同步操作时,只有当 P_2 等到信号到达后,才能往下继续执行,否则 P_2 将一直等待,直到被唤醒。

P、V 操作实现进程同步时,尽管 P、V 操作也是成对出现的,但是它们是分别出现在需要同步的进程中,而非出现在同一进程的程序段里。

通过以上分析可知,信号量可分为两种:

(1) 公有信号量:进程通过对公有信号量进行 P、V 操作,可实现资源的互斥访问。

(2) 私有信号量:仅允许拥有此信号量的进程执行 P 操作,而其他进程可对该信号量实施 V 操作,进而可实现进程之间的同步关系。

3.4　经典的同步问题

3.4.1　生产者-消费者问题

生产者-消费者问题是一个著名的进程同步问题。该问题描述如下:生产者先制造产品,再存放到公用仓库,随后由消费者从仓库中取出这些产品进行消费。尽管生产者和消费者是以异步的方式运行的,但它们之间必须保持同步,即消费者不能到空的仓库去取产品消费,生产者也不能将产品存放到已满的仓库中。此外,仓库每次也只允许一个人进出。

操作系统中很多并发进程之间的同步关系都可以抽象成生产者消费者模型。例如,输入进程、计算进程和打印进程就是一种典型的生产者-消费者问题,其中输入进程可看成生产者,计算进程就是消费者;若把计算进程看成生产者,则打印进程就是消费者。

根据生产者、消费者和公用缓冲区的数目,生产者-消费者问题可进一步划分为生产者和消费者-公用单缓冲区和生产者消费者-公用多缓冲区。

1. 生产者-消费者公用单缓冲区问题

单缓冲区是指缓冲区中只能存放一个数据或产品。生产者每次只能向缓冲区中放一个数据,而消费者每次只能从缓冲区取一个数据。当缓冲区为空时,消费者无法从缓冲区中取到数据;当缓冲区为满时,生产者无法再向缓冲区中写数据,如图 3-2 所示。

图 3-2　生产者和消费者公用单缓冲区

公用单缓冲区问题的同步算法如下:

```
semaphore empty=1;    //empty 表示缓冲区是否为空,初值为 1
semaphore full=0;     //full 表示缓冲区是否为满,初值为 0
void producer(){
    while(1){
```

```
                生产一个产品;
                P(empty);
                产品送往 Buffer;
                V(full);
        }
}
void comsumer(){
        while(1){
                P(full);
                从 Buffer 取出一个产品;
                V(empty);
                消费该产品;
        }
}
```

2. 生产者-消费者公用多缓冲区问题

多缓冲区是指缓冲区中可以存放若干个数据或产品,每次只允许一个进程访问。图 3-3 给出了生产者-消费者公用多缓冲区示意图,其中缓冲区组织成环状,并可存放 n 个数据。

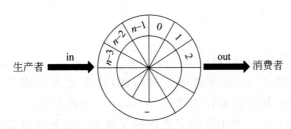

图 3-3　生产者-消费者公用多缓冲区

生产者-消费者公用多缓冲区模型既涉及进程同步,又涉及进程互斥。互斥主要表现在缓冲区是临界资源,生产者和消费者不能同时对此缓冲区进行操作。同步主要表现在:当缓冲区已满时,生产者不能再存放数据;当缓冲区为空时,消费者不能获取数据。因此,可设一个互斥信号量 mutex 和两个同步信号量 empty 和 full,其中:

(1) 公有信号量 mutex:公用缓冲区的互斥信号量,初值为 1;

(2) 私有信号量 empty:用于同步控制,表示缓冲区中空单元数,初值为 n;

(3) 私有信号量 full:用于同步控制,表示缓冲区中产品的数量,初值为 0。

生产者-消费者公用多缓冲区问题的算法描述如下:

```
int n=0,out=0;
item Buffer[n];
semaphore mutex=1;              //mutex 表示互斥访问缓冲区信号量,初值为 1
semaphore empty=n;             //empty 表示空白缓冲区的个数,初值为 n
semaphore full=0;              //full 表示有数据的缓冲区个数,初值为 0
```

```
void producer(){
    while(1){
        生产一个产品；
        P(empty);                   //检查是否有空白的缓冲区
        P(mutex);                   //检查是否占用公用缓冲区
        Buffer[in]=product;         //将数据放入缓冲区
        in=(in+1)mod n;             //指针推进
        V(mutex);                   //释放公用缓冲区
        V(full);                    //有数据的缓冲区个数加 1
    }
}
void comsumer( ){
    while(1){
        P(full);                    //检查缓冲区中是否有数据
        P(mutex);                   //检查能否占用公用缓冲区
        product=Buffer[out];        //取走缓冲区中的一个数据
        out=(out+1)mod n;           //指针推进
        V(mutex);                   //释放公用缓冲区
        V(empty);                   //将空白缓冲区的个数加 1
        消费该产品；
    }
}
```

生产者-消费者问题中应注意以下几点：

(1) P(mutex)和 V(mutex)必须成对出现，每个进程使用公有资源前，先执行 P(mutex)申请该资源，使用结束后，应执行 V(mutex)释放资源。

(2) 私有信号量 empty 和 full 的 P 操作和 V 操作也必须成对出现，但出现在不同类型的进程中，这与互斥信号量 mutex 的 P、V 操作不同。

(3) 生产者和消费者进程中，多个 P 操作的顺序不能颠倒。生产者进程应先执行 P(empty)，再执行 P(mutex)，即检查仓库中有空位后，再去试图占用仓库。若这两个 P 操作顺序颠倒，即先后执行 P(mutex)和 P(empty)，那么当仓库已满时，生产者进程会因为执行 P(empty)而受到阻塞，因此只能等待消费者进程将产品取走之后唤醒它，但此时由于生产者先执行 P(mutex)占用了公有资源，导致消费者无法进入而陷入了僵局，产生死锁状态。同理，消费者的 P 操作顺序也不能颠倒。若 P 操作顺序颠倒，当仓库为空时，当消费者先执行 P(mutex)时占用了仓库，然后执行 P(full)时发现没有产品，此时，生产者也进不来，同样陷入死锁状态。

3.4.2　读者-写者问题

读者-写者问题是另一个典型的进程同步问题。它描述了多个读者与多个写者之间共享访问数据区的情况，其中读者每次从数据区中读出一个数据，而写者每次向数据区中写入一个数据。读者与写者之间应满足以下三个条件：

(1) 允许多个读者同时执行读操作。

(2) 不允许读者和写者同时操作。

(3) 不允许多个写者同时执行写操作。

该问题若考虑读者优先,则可进一步细化为:

(1) 如果读者进程申请读数据,此时若没有读者正在读、写者正在写,则该进程可以读;若有读者正在读,且有写者等待,则该读者也可以读;若有写者正在写,则该读者需等待。

(2) 如果写者进程申请写数据,此时若没有读者正在读或写者正在写,则该写者可以写;若有读者正在读,则该写者等待;若有其他写者正在写,则该写者等待。

根据以上分析,读者-写者问题可采用记录型信号量机制来实现。设:

(1) 整型变量 readcount,用于记录读者的个数,初值为 0。

(2) 互斥信号量 mutex,用于读者互斥访问 readcount,初值为 1。

(3) 互斥信号量 mutexsection,用于写者和其他写者或读者之间互斥访问,初值为 1。

读者-写者问题的解决算法描述如下:

```
struct semaphore mutex, mutexsection=1, 1;
int readcount=0;
void reader_i(void)  {              //i=1,2,…k
    while(TRUE)  {
        P(mutex);                   //开始对 readcount 共享变量进行互斥访问
        //如果是第一个读者,判断是否有写者进程在共享数据区
        if(readcount==0)  P(mutexsection);
        readcount=readcount+1;    //将读者个数加 1
        V(mutex);
        执行读操作:
        P(mutex);                   //开始对 readcount 共享变量进行互斥访问
        readcount=readcount-1;    //将读者个数减 1
        //如果有写者等待进入共享数据区,就唤醒一个写者
        if(readcount==0)  V(mutexsection);
        V(mutex);                   //结束对 readcount 共享变量的互斥访问
    }
}
void  writer_j(void)  {             //j=1,2,…m;
    while(TRUE) {
        P(mutexsection);            //判断是否可以进入共享数据区
        执行写操作;
        V(mutexsection)             //释放共享数据区
    }
}
```

该算法考虑读者优先,即只要有其他读者正在读数据,不管是否有写者等待,新来的读者可以直接读数据。这可能会导致写者无限期等待的情况,即"饥饿"现象。

3.4.3 哲学家进餐问题

哲学家进餐问题描述五位哲学家坐在一张圆桌周围的五张椅子上,圆桌上有五个碗和五只筷子,如图 3-4 所示。哲学家交替吃饭和思考。当一位哲学家饿了时,就去取最靠近其左边和右边的筷子。如果成功得到了两只筷子,就开始吃饭。吃完后放下筷子继续思考。

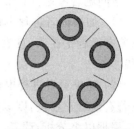

假设这五位哲学家用五个进程表示,五只筷子为共享资源,并使用信号量 $Stick[i]$($i=0,\cdots,4$)表示它们的使用情况,初始值设为 1,表示每只筷子每次只允许一个人使用。令进程 P_i($i=0,\cdots,4$)左边的筷子为 $Stick[i]$,右边的筷子为 $Stick[(i+1)\%5]$。例如 P_4 左边的筷子为 $Stick[4]$,右边的筷子为 $Stick[0]$。

图 3-4 哲学家进餐问题

哲学家进餐问题的算法描述如下:

```
struct semaphore Stick[5]={1,1,1,1,1};
philosopher_i() {
    do{
        思考;
        饥饿;
        P(Stick[i]);
        P(Strick[(i+1)%5]);
        进餐;
        V(Strick[i]);
        V(Strick[(i+1)%5]);
    }while(TRUE);
}
```

根据算法可知,哲学家饥饿时总是先执行 $P(Stick[i])$ 试图拿左边的筷子,再执行 $P(Stick[(i+1)\%5])$ 去拿右边的筷子,成功后便可进餐。进餐完毕,又先放下左边的筷子,再放下右边的筷子。

该算法虽然保证了不会有两个相邻的哲学家同时进餐,但却可能发生死锁。例如,当五位哲学家同时拿起左边的筷子,再试图拿右边的筷子时,都将因无筷子可拿而陷入无限等待状态。这个问题可以采取以下三种方法来解决:

(1)方法 1:最多允许有四位哲学家同时拿左边的筷子,最终能保证至少有一位哲学家能够进餐,并在用餐完毕能释放出他所占用的两只筷子,以保证其他哲学家能够进餐。

(2)方法 2:规定奇数号哲学家先拿左边的筷子,再拿右边的筷子,而偶数号哲学家则相反,这样总会有一位哲学家能获得两只筷子而进餐。

(3)方法 3:仅当哲学家的左、右两只筷子同时可用时,才允许他拿起筷子进餐。

第一种方法可采用信号量机制来解决,如增加一个用于互斥的信号量 count(初值为 4),这样就能限制同时申请拿左手边筷子的人数,从而保证了任何情况下至少有一个哲

学家能同时拿到两边的筷子进餐,使得每个哲学家均有进餐的可能。改进的算法如下:

```
struct semaphore Stick[5]={1,1,1,1,1};
struct semaphore count=4;
Philosopher_i() {
    do{
        思考:
        饥饿:
        P(count);
        P(Strick[i]);
        P(Strick[(i+1)%5]);
        进餐;
        V(Strick[i]);
        V(Strick[(i+1)%5]);
        V(count);
    }while(TRUE);
}
```

对于第二种方法,其改进的程序如下:

```
struct semaphore Stick[5]={1,1,1,1,1};
Philosopher_i(){                  //i=0,1,2,3,4
    do{
        思考:
        饥饿:
        If(i%2==0){               //偶数号哲学家,先右后左
            P(Strick[(i+1)%5]);
            P(Strick[i]);
            进餐;
            V(Strick[(i+1)%5]);
            V(Strick[i]);
        } else{                   //奇数号哲学家,先左后右
            P(Strick[i]);
            P(Strick[(i+1)%5]);
            进餐;
            V(Strick[i]);
            V(Strick[(i+1)%5]);
        }
    }while(TURE)
}
```

对于第三种方法,可采用 AND 型信号量机制予以解决,其改进的程序如下:

```
struct semaphore Stick[5]={1,1,1,1,1};
Philosopher_i(){                  //i=0,1,2,3,4
    do{
```

```
    思考;
    饥饿:
    P(Strick[i], Strick[(i+1)%5]);
    进餐;
    V(Strick[i], Strick[(i+1)%5]);
  }while(TURE)
}
```

3.5　管　　程

信号量机制虽然方便、有效,但每个进程必须自备 P、V 操作,因而在实现进程同步时存在以下缺点:

(1) 管理的不便:P、V 操作分散在各个进程,不利于临界资源的管理,且 P、V 操作顺序非常重要,使用不当时可能导致进程死锁。

(2) 易读性差及正确性难以保证:信号量的操作正确与否取决于整个系统的并发过程的分析,且进程代码的修改与维护可能影响全局,导致正确性难以保证。

为了克服信号量机制的缺点,20 世纪 70 年代人们提出了一种称为管程的进程同步工具。

3.5.1　管程的概念

管程的基本思想是采用一种数据结构抽象地表示系统中的共享资源,忽略内部结构和实现细节,共享资源的申请、释放和其他操作都是在数据结构上的操作过程。

管程通常由以下四个部分组成:

* 管程的名称。
* 局部于管程内部的共享数据结构说明。
* 对该数据结构进行操作的一组过程。
* 对局部于管程内部的共享数据设置初始值的语句。

一般而言,管程可描述如下:

```
monitor monitor_name        //管程名
variable declarations;      //共享变量说明
cond declarations;          //条件变量说明
public:                     //能被进程调用的过程
void P₁(...)                //对数据结构实施操作的函数
{...}
void P₂(...)
{...}
...
void Pₙ(...)
{...}
```

```
    {                         //管程主体
initialization code;          //初始化代码
    }
```

　　管程借鉴面向对象设计思想,将描述共享资源的数据结构及相关操作的一组过程封装在一个对象内部。任何管程外的过程或函数都不能访问管程内部,而管程内部的过程也仅能访问管程内部的数据结构。所有外部过程要访问内部的数据结构时,都必须通过管程间接访问。管程每次只准许一个进程进入管程,执行管程内的过程,从而实现进程互斥。

　　管程是实现进程同步的一种重要手段,它具有四个特征:

　　(1) 互斥性:任何时刻最多只能有一个进程进入管程活动,其他进程必须等待。

　　(2) 安全性:管程的数据结构及过程只能访问内部数据或被内部访问,管程之外的过程都不能访问它们,所有需要访问管程内部的进程都必须经过管程才能进入。

　　(3) 共享性:进程只有通过管程、调用管程内的函数才能访问共享数据。

　　(4) 结构性:管程以模块的方式封装共享资源及其访问方法,隐藏了实现细节,使得结构清晰,提高了可读性和易维护性,也保证了资源访问的正确性。

3.5.2　条件变量

　　在使用管程实现进程同步前,必须先设置两个同步操作原语 wait 和 signal。当进程通过管程请求临界资源而没能得到满足时,管程就调用 wait 原语将该进程阻塞并插入阻塞队列中;当进程访问完并释放资源后,管程调用 signal 原语唤醒阻塞队列中的队首进程。尽管 wait 和 signal 原语能实现进程同步,但可能会导致"忙等"现象。例如,如果进程在访问管程期间被阻塞,且在阻塞期间不释放管程,那么将导致其他进程无法进入管程。为了解决这个问题,引入了条件变量。

　　条件变量指进程在访问管程时的阻塞条件。针对不同的阻塞条件,可设置多个不同的条件变量。给定一个条件变量 x,其 wait 和 signal 操作说明如下:

　　(1) x.wait:正在调用管程的进程因条件 x 而阻塞,则调用 x.wait 将自己插入到 x 的阻塞队列上,并释放管程,使得其他进程可以访问该管程。

　　(2) x.signal:正在调用管程的进程发现 x 条件发生了变化,则调用 x.signal 唤醒 x 阻塞队列上的进程。若不存在这样的进程,则继续执行原进程;否则选择其中一个进程(要么是原进程,要么是刚唤醒的进程)执行。

3.5.3　管程的应用

　　生产者-消费者问题也可使用管程来解决。首先,为生产者和消费者建立一个管程,并命名为 PC。该管程包括两个过程:放产品 put(x) 和取产品 get(x),以及两个条件变量 notfull 和 notempty,其中:

　　(1) put(x):生产者将产品放入缓冲池,其中 count≥n 表示缓冲区满,生产者需等待;count≤0 表示缓冲区空,消费者需等待;

（2）get(x)：消费者从缓冲池中取产品，其中 count≤0 表示缓冲区没有产品，消费者需等待。

管程的具体实现如下：

```
Monitor Producer-Consumer{
    item buffer[N];
    int in, out, count;
    condition notfull, notempty;
    public:
        void put(item x){
            if(count>=N)cwait(notfull);
            buffer[in]=x;
            in = (in+1)%N;
            count++;
            csignal(notempty);
        }
        void get(item x){
            if(count<=0)cwait(notempty);
            x=buffer[out];
            out = (out+1)%N;
            count--;
            csignal(notfull);
        }
        void init( ){
            count=0;   in=0;   out=0;
        }
} PC;
```

生产者和消费者的进程代码分别如下：

```
void producer_i() {     //i=1,2,...,m
    item x;
    while(TRUE){
        ...
        生产 x;
        PC.put(x):
    }
}
void comsumer_i() {
    item x;
    while(TRUE){
        PC.get(x):
        消费 x;
        ...
    }
}
```

3.6 进 程 通 信

进程通信是进程在运行期间的信息交换,它是实现多进程间协作和同步的常用工具,也是操作系统内核层极为重要的部分。

根据通信的机制不同,进程通信可分为低级通信和高级通信:

(1) 低级通信:指进程的互斥与同步中的信息交换。

(2) 高级通信:指用户直接利用系统提供的通信命令,传送大量数据的通信方式。

这里重点介绍进程的高级通信,进程的高级通信主要有三种方式:共享存储器系统、消息传递系统和管道通信系统。

3.6.1 共享存储器系统

共享存储器系统是指相互通信的多个进程通过共享某些数据结构或存储区方式,实现进程之间的信息交换。共享存储器系统有可以分为共享数据结构和共享存储区两种方式:

(1) 共享数据结构方式:指相互通信的进程通过共同使用某些数据结构,实现信息交换目的。该方式由于交换信息量较少、效率较低且实现复杂,因而只适用于传送少量的数据。

(2) 共享存储区方式:指在存储器中划出一块共享存储区,相互通信的进程通过对共享存储区中的数据进行读或写,实现数据通信目的,其中一个进程向共享空间中写数据,而另一个进程则从共享空间读数据。该方式的特点是进程之间可将共享的内存页面通过链接方式映射到各个进程自己的虚拟地址空间中,使得进程访问共享内存页面如同访问自己的私有空间,因而效率高,适用于传送较多的数据。

采用共享存储区系统的进程通信过程大致包括以下三个步骤:

(1) 申请共享存储区块:进程通信之前先向系统申请共享存储区中的一个区块,并为它指定一个区块关键字。若该区块已分配给了其他进程,则将该区块的关键字返回给该进程。

(2) 合并分配的存储区:申请进程把获得的共享存储区的区块链接到本进程上。

(3) 读写公用存储区:进程可以像读写普通存储器一样,读、写这一共享的存储区块,实现信息的传递。

由于共享存储区的通信方式是通过将共享的存储区块直接附加到进程的虚拟地址空间中来实现的,因此通信进程之间读写操作的同步问题必须由各进程利用同步工具解决。此外,该方式只适用于同一个计算机系统中的进程通信,不适合网络通信。

3.6.2 消息传递系统

消息传递系统利用系统提供的消息发送与接收命令(原语),实现进程间的数据交换,即两个进程在通信时,发送进程直接或间接地将消息传送给接收进程。这种方式大大提高了工作效率，方便用户使用。因此，消息传递系统成为最常用的高级通信方式。根据实现方式的不同，可分为直接通信方式和间接通信方式两种。

1. 直接通信方式

直接通信方式是指发送进程和接收进程都显式地提供给对方自己的地址或标识符，发送进程利用系统提供的发送原语，直接将消息挂在接收进程的消息缓冲队列上；接收进程使用接收原语从消息缓冲队列中取出消息。发送原语和接收原语分别为：

```
Send(P, Message);          //将消息发送给进程 P
Receive(Q, Message);       //接收来自进程 Q 的消息
```

假设进程 P 要发送消息给进程 Q，其消息发送过程如下：P 利用 Send(Q, Message) 将消息 Message 发送至 Q 的缓冲队列，随后 P 阻塞；Q 利用 Receive(P, Message) 从消息队列中接收 Message，随后唤醒 P。若 Q 先执行 Receive 原语，则其先阻塞，直到 P 执行 Send 原语。

直接消息传递系统由于没有缓冲，发送进程和接收进程必须交替执行，因而可实现实时通信，但缺乏灵活性。

2. 间接通信方式

间接通信方式是指发送进程使用发送原语将消息发送到某种中间实体（俗称信箱），接收进程使用接收原语从该中间实体中取出消息。当多个进程共享一个信箱时，它们就能进行通信。间接通信方式灵活性较大，既可以实现实时通信，也可以实现非实时通信。计算机网络中的电子邮件系统就是典型的间接通信方式。间接通信方式如图 3-5 所示。

图 3-5　间接通信方式

发送原语和接收原语分别为：

```
Send(MailBox, Message);        //把消息送至信箱 MailBox
Receive(MailBox, Message);     //从信箱 MailBox 接收消息
```

间接通信方式的具体工作可描述如下：消息发送时，发送进程首先检查指定的信箱 MailBox，如果信箱已满，则该进程被阻塞；若信箱没有满，则将信件存入信箱，如果有进程正在等待信箱中的信件，则唤醒该等待进程；接收消息时，接收进程首先检查 MailBox，如果信箱中有信件，取出信件，随后若有进程在等待信件存入信箱，则唤醒该等待进程；若信箱中没有信件，则接收进程被阻塞。

用来暂存消息的信箱是一种数据结构,由信箱头和信箱体两个部分组成。信箱的创建和撤销操作可由操作系统或用户完成。创建者是信箱的拥有者,信箱通常可分为三类:

(1) 私用信箱:用户进程为自己建立的信箱,信箱的拥有者可从信箱中取出消息,而其他用户只能向该信箱发送消息。

(2) 公用信箱:操作系统创建的信箱,并提供给用户使用,用户既可以给信箱发送消息,也可以从信箱中取走发送给自己的消息。

(3) 共享信箱:用户进程创建的信箱,并指明哪些用户可共享该信箱,信息的拥有者和共享者可从信箱中读取发送给自己的消息。

利用信箱通信时,发送进程与接收进程存在下列关系:

(1) 一对一关系:一个发送进程与一个接收进程之间建立的专用通信通道,它们之间的通信不受其他进程影响。

(2) 多对一关系:允许一个接收进程与多个发送进程之间进行通信,也称为客户/服务器方式。

(3) 一对多关系:允许一个发送进程与多个接收进程之间进行通信,使发送进程可使用广播方式向一组或全部接收进程发送消息。

(4) 多对多关系:允许建立一个公用邮箱,使得多个进程既可以把消息发送到该邮箱,也可从邮箱中取走发送给自己的消息。

3.6.3　管道通信系统

管道通信系统是指借助于管道文件的一种通信方式,其中发送(写)进程以字符流的形式向管道文件写入大量的数据,而接收(读)进程则从管道文件中接收数据。管道通信方式最早是在 UNIX 操作系统实现的。由于它能有效传送大量数据,因而又被引入到许多其他操作系统中。该通信方式中,管道文件是两个进程交换信息的桥梁,它实际上是一种专门用于通信交换的共享文件。因此,管道通信机制具有以下三个特点:

(1) 互斥:管道文件必须互斥地访问,当一个进程对管道文件进行读/写时,另外一个进程必须等待。

(2) 同步:发送进程将数据写入管道文件后就睡眠等待,直到接收进程将管道文件中的数据取走后再唤醒;接收进程读到一个空的管道文件时应睡眠等待,直到发送进程将数据写入管道后再唤醒。

(3) 实时:通信的进程必须确定对方同时存在时才能进行通信。此外,管道以先进先出(FIFO)方式组织数据传输。

管道通信的发送和接收函数分别为:

```
//向管道 handle 中写入长度为 len 的消息 message
write(handle, message, len);
//从管道 handle 中读取长度为 len 的消息 message
read (handle, message, len);
```

管道一般有两种形式:

(1) 匿名管道:指管道没有名字,它只适用于父子进程之间的通信。

(2) 命名管道:进程通过使用管道的名字获得管道,它可用于任何进程之间的通信,但不能同一时间被若干进程不加限制地访问。

管道通信方式的特点是简单方便,且一次性可以传送大量数据,但只适合于实时通信,因而效率较低。此外,管道文件是一个单向通信信道,若进程之间要进行双向通信,则需要定义两个管道。

习　题

1. 进程访问临界区时需满足哪些准则?

2. 什么是临界区?如何防止并发进程同时进入临界区?

3. 信号量代表某类资源的实体,当信号量的值大于或小于 0 时,分别代表什么物理意义?

4. 当进程对信号量 S 执行 P、V 操作时,S 的值会发生变化。当 $S>0$、$S=0$ 和 $S<0$ 时,分别会对进程产生什么影响?

5. 操作系统中引入管程的目的是什么?简述管程中的条件变量的含义及作用。

6. 进程通信的类型有主要有哪几种?简述它们的工作原理。

7. 消息缓冲通信机制有什么好处?进程之间有哪些通信方式?试述消息缓冲通信过程。

8. 采用消息缓冲机制进行通信时,系统应设置哪些功能?

9. 根据数据存取的方式,有哪些进程高级通信方式?

10. 进程之间存在哪几种制约关系?各是什么原因引起的?下列活动各属于哪种制约关系?

(1) 若干学生去图书馆借书　　(2) 两队进行篮球比赛

(3) 流水线生产的各道工序　　(4) 商品生产和社会消费

11. 设某循环缓冲区的容量为 100B,现有多个并发执行进程通过该缓冲区进行通信。为了正确地管理缓冲区,系统设置了两个读写指针,分别为 IN、OUT。试问 IN 和 OUT 的值如何确定,才能反映缓冲区为空还是满的情况?

12. 计算机系统中,运行的进程数和系统的资源数是动态变化的。如果目前系统处于安全状态,当系统发生如下变化时,是否会使系统变为不安全状态?

(1) 增加可用的资源数　　　(2) 减少可用的资源数

(3) 增加进程的最大申请量　(4) 减少进程的最大申请量

(5) 增加运行的进程数　　　(6) 减少运行的进程数

13. 有两组并发进程:读者和写者,它们共享一个文件。共享的原则如下:①读、写互斥访问;②写、写互斥访问;③允许多个读者同时对文件进行访问。

(1) 请用 P、V 操作解决读者和写者之间的同步问题,且读者优先。

(2) 请用 P、V 操作解决读者和写者之间的同步问题,且写者优先。

（3）请用 P、V 操作解决读者和写者之间的同步问题，且读者与写者公平竞争。

14. 有一个理发师、一把理发椅和几把供等候理发的顾客坐的椅子。如果没有顾客，则理发师便坐在椅子上睡觉；当顾客到来时，必须唤醒理发师，进行理发；如果理发师正在理发时，又有顾客来到，则如果有空椅子，他就坐下来等待，否则就离开。试为理发师和顾客各编写一段程序来描述他们的行为，要求不能带有竞争条件。

15. 设有四个进程 A、B、C 和 D。进程 A 通过一个缓冲区不断地向进程 B、C 和 D 发送消息，A 每向缓冲区送入一个消息后，必须等进程 B、C 和 D 都取走后才可以发送下一个消息。B、C、D 对 A 送入的每一个消息各取一次。试用 P、V 操作实现它们之间的正确通信。

16. 某招待所有 100 个床位，住宿者入住要先登记（在登记表上填写姓名和床位号），离去时要注销登记（在登记表上删去姓名和床位号）。请给出住宿登记及注销过程的算法描述。

17. 设有一个售票厅可容纳 100 人购票。如果厅内不足 100 人则允许进人，进入后购票，购票后退出；如果厅内已有 100 人，则必须在厅外等候。试问：

（1）购票者之间是同步还是排斥？

（2）用 P、V 操作描述购票的工作过程。

18. 现有 100 名毕业生去甲、乙两公司求职，两公司合用一间接待室，其中甲公司准备招收 10 人，乙公司准备要招收 15 人，招完即止。两公司各有 1 位人事主管接待毕业生，每位人事主管每次只可接待 1 人，其他毕业生在接待室外排成一队等待。试用记录型信号量机制实现对此过程的管理，写出需要的假设，以及所设计的数据结构和算法。

19. 某工厂有两个生产车间和一个装配车间，两个生产车间分别生产 A、B 两种零件，装配车间的任务是把 A、B 两种零件组装成产品。两个生产车间每生产一个零件后都要分别把它们送到装配车间的货架 F1、F2 上，其中 F1 存放零件 A，F2 存放零件 B，F1 和 F2 的容量均可以存放 10 个零件。装配工人每次从货架上取两个 A 零件和一个 B 零件，然后组装成产品。请用 P、V 操作进行正确管理。

20. 设有 8 个进程 M1、M2、…、M8，它们有如图 3-6 所示的优先关系，试用 P、V 操作实现这些进程间的同步。

21. 试画出下面 6 条语句的前趋图，并用 P、V 操作描述它们直接的同步关系。

S1:X1=a＊a;
S2:X2=3＊b;
S3:X3=5＊a;
S4:X4=X1+X2;
S5:X5=b+X3;
S6:X6=X4/X5;

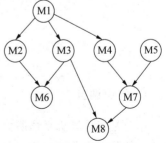

图 3-6 进程的优先关系

第 4 章

调度与死锁

多道程序环境下,多道作业或程序在一段时间内可同时获得 CPU 并运行,它们共存于内存中。当 CPU 空闲时,便从这些作业或程序中选择一道作业或进程使其投入运行。本章主要介绍与进程调度相关的问题,以及因调度不当而引起的死锁问题。

4.1 CPU 调度

CPU 调度是指系统根据某种策略,从多个作业或进程中选择一个或一部分作业或进程,将 CPU 分配给它,使之能够运行。多道程序环境中,一个作业从外存进入内存直至在内存中运行完成后退出,整个过程通常需要经历三个层次的调度:作业调度、交换调度和进程调度,它们之间的关系如图 4-1 所示。

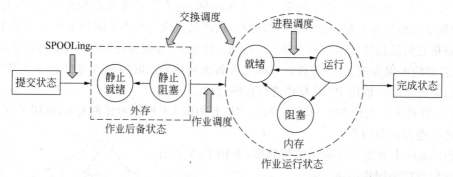

图 4-1　CPU 调度

1. 作业调度

作业是指计算机系统所完成的一项工作任务,主要包括用户程序、数据和作业控制块这三部分。作业控制块记录作业的全部信息,如作业标识、用户账号、用户名称、作业类型、作业状态、调度信息、资源需求(估计运行时间、要求内存大小等)以及资源的使用情况等。作业进入系统时,系统为该作业创建作业控制块,再根据作业类型,将它插入到相应的作业后备队列中;系统在作业的整个生命周期中,根据作业控制块中的信息和作业说明书对作业进行控制;作业完成后,回收已分配的资源并撤销该作业控制块。

作业调度(也称高级调度)是指按照某种选择策略,从外存的多道后备作业中选择一道或一部分作业装入内存,并创建相应的进程,分配必要的资源,插入就绪队列,等待进一步调度运行。作业调度的任务就是根据作业控制块中的信息,检查系统中的资源能否满足作业的要求,并按照一定的选择策略,从外存的后备队列中选取某道作业调入内存,并为它创建相应的进程,分配必要的资源;然后再将新建的进程插入到就绪队列,以等待调度。

作业自提交进入系统开始直到运行结束后退出系统,通常经历四种状态:提交状态、后备状态、运行状态和完成状态。

(1) 提交状态:用户通过纸带机或键盘等输入设备将作业提交给计算机系统,即作业由输入设备向系统外存提交后,作业就处于提交状态。

(2) 后备状态:作业通过输入设备存放到磁盘后,系统为该作业建立作业控制块,并将其插入到后备队列中等待调度运行,此时状态为后备状态,也称收容状态。

(3) 运行状态:调度程序从后备队列中选择一道作业,为它分配必要的资源、建立相应的进程以后,这个作业就由后备状态转变为运行状态。处于运行状态的作业不一定真正在运行。它可能正在运行,也可能在等待某事件发生,还可能在等待被分配 CPU。宏观上,作业一旦被选中进入内存,只要还没有运行结束,就处于运行状态;微观上,作业虽然在内存中,但不一定正在运行。

(4) 完成状态:作业运行结束或因发生异常而终止运行,但作业控制块还未被撤销,作业就处于完成状态。

2. 交换调度

交换调度(也称中级调度)是指按某种选择策略,从内存中选择一个或多个进程换出到外存暂停执行,或将外存中一个或多个进程调入内存等待运行。引入交换调度的目的是提高内存利用率和系统吞吐量。当内存紧张时,系统可将暂时不运行的进程换至外存等待,或将某些内存中处于阻塞状态的进程换至外存上,再将那些需要运行的进程调入内存;当内存不紧张时,再将那些换出去的进程重新调回内存,以提高内存的利用率和系统吞吐量。

交换调度的实质就是存储器管理中的对换功能。交换调度的具体操作由交换调度程序完成,它决定哪些进程需要换出内存,哪些进程需要换进内存。

3. 进程调度

进程调度(也称低级调度)是指按照某种选择策略,从就绪队列中的多个进程选择其中一个,为其分配 CPU 资源,使其处于运行状态。引入进程调度的目的是提高 CPU 的利用率和系统吞吐量。当一个进程不具备运行条件时,暂停其执行,转而运行其他已经具备运行条件的进程。进程调度的具体操作由进程调度程序完成。进程调度程序是操作系统中最活跃、最重要的调度程序,其优劣直接决定了系统的性能。

综上所述,作业调度决定后备队列中的哪一个作业将进入内存,它决定了一个进程能否被创建以参与 CPU 的分配;交换调度是挂起或激活哪个进程;进程调度是决定哪一个就绪进程或线程占有 CPU 运行,它是各类操作系统都必须具备的功能。多道批处理系统则既有作业调度,又有进程调度,也采用了交换调度。

4.2　进程调度

进程调度是系统中最重要的调度,其主要任务是控制和协调多个进程竞争使用 CPU。

1. 进程调度的时机

一般情况下,正在运行的进程遇到以下情况时,放弃使用 CPU,从而引起进程重新调度:

(1) 进程正常运行结束或异常终止(放弃 CPU)。

(2) 进程由运行状态转换到阻塞状态(如请求 I/O 或等待子进程的终止等)。

(3) 分时环境下,时间片已用完。

(4) 抢占方式下,系统中有优先级别更高的进程。

(5) 发生中断事件需处理。

2. 进程调度的功能

作为系统的重要组成部分,进程调度的主要有以下功能:

(1) 将进程的状态信息,如 CPU 状态等,保存在进程控制块中。

(2) 根据某种选择策略,确定哪个进程能获得 CPU,以及所占用的时间。

(3) 进程暂停执行或结束时,收回 CPU。

以上三项功能中,调度策略或算法是进程调度的关键。

3. 进程调度的方式

进程在调度过程中,一般可以采用抢占方式和非抢占方式。

(1) 非抢占方式(又称非剥夺方式):指除非正在运行的进程主动放弃 CPU,否则不允许其他进程抢占 CPU,即 CPU 一旦分配给某个进程后,就一直让该进程运行结束或主动释放 CPU。非抢占方式实现简单、系统开销小,但难以满足那些须立即执行、任务紧迫的进程的要求。

(2) 可抢占方式(又称可剥夺方式):指当进程正在 CPU 上运行时,若有更重要、更紧迫的进程(即优先级更高的进程)处于就绪状态,则系统立即中断当前正在运行的进程,并将 CPU 分配给更紧迫的进程使用。抢占方式可以防止进程长时间占用 CPU,以确保 CPU 为所有进程提供更为公平的服务,但其实现较复杂,且系统开销也较大。

抢占的依据主要有以下三种:

(1) 优先级原则:即一个优先级别更高的进程进入就绪队列时,系统中断正在运行的进程,剥夺 CPU,并将其分配给优先级别更高的进程。

(2) 时间片原则:当正在运行的进程的当前时间片用完时,系统停止该进程的运行,转去调度其他进程。

（3）短进程优先原则：当新的进程进入就绪队列时，若新进程的估计运行时间比当前正在运行的进程短，则系统抢占 CPU，并分配给新进程。

4.3　调度性能衡量

调度算法性能的优劣可通过不同的性能指标或准则来衡量。根据不同的任务及目的，可从用户和系统这两个角度来考虑这些指标或准则。

1. 面向用户的准则

这是为满足用户需求而遵循的一些准则，包括如下几项。

（1）周转时间短

周转时间是指作业从提交给系统开始，到作业完成为止的这段时间，它包括作业的等待时间和运行时间。一般而言，用户总是希望自己作业的周转时间越短越好，而系统则希望平均周转时间越短越好，因为平均周转时间越短，系统会使大多数用户满意，所接纳的作业数和资源利用率也就越高。

带权周转时间是指进程的周转时间与系统为其提供的实际服务时间（不包括各阶段的等待时间）之比。平均带权周转时间是所有进程的带权周转时间之和除以进程的个数。

（2）响应时间快

响应时间是指从用户通过键盘提交一个请求开始，直至系统首次产生响应为止的时间（进程首次运行前的等待时间），即系统在屏幕上显示结果为止的一段时间间隔。该指标主要用于评价分时操作系统的响应速度。

（3）截止时间有保证

截止时间是指进程必须开始运行的最迟时间，或必须完成的最迟时间。对于严格要求时间的分时系统，其调度方式和调度算法必须保证此要求，否则将可能引发灾难性的后果。

（4）优先权原则

优先权原则是指优先级高的进程应优先执行，以保证某些紧急或重要的进程能得到及时处理。部分要求严格的系统还需要使用抢占调度方式，才能保证紧急进程得到及时处理。该原则可用于批处理、分时和实时系统。

2. 面向系统的原则

这是为满足系统要求而遵循的一些准则，包括如下几项：

（1）系统吞吐量高

系统吞吐量是指系统在单位时间内所完成作业或进程的数量。CPU 运行时系统正处于工作状态，因此其工作量的大小是以每单位时间所完成的作业数目来描述的。尽管作业或进程的平均长度可能会影响系统吞吐量的大小，但 CPU 却一直处于工作状态。

此外,进程的调度方式和算法,均会对系统吞吐量产生较大影响。该准则主要用于评价批处理系统。

（2）CPU 利用率高

CPU 的利用率是指 CPU 有效工作时间与总的运行时间(有效工作时间与空闲时间之和)之比。由于 CPU 价格昂贵,它是计算机系统中最重要的资源,所以 CPU 的利用率就成为十分重要的指标。因此,调度算法应尽可能让 CPU 保持忙碌状态,使得 CPU 利用率最高。该指标主要用于大、中型系统。

（3）各类资源的平衡利用

对于大、中型系统,不仅要使 CPU 的利用率高,而且还应该有效地利用系统中其他各类资源,保持系统中各类资源都处于忙碌状态。此外,调度过程中,系统所付出的时空代价或开销应尽量小。

4.4　调　度　算　法

调度算法是指根据系统资源状况,确定 CPU 分配的算法。根据系统的设计目标不同,调度程序也应采用不同的调度算法或策略,以提供系统的性能。目前已提出了许多调度算法,有些适用于作业调度,有些适用于进程调度,有些两者均适用。下面介绍几种常用的调度算法。

4.4.1　先来先服务

先来先服务调度算法(FCFS)是指系统根据作业或进程的先后抵达次序进行调度,其中最先抵达的最先调度。该算法既可用于作业调度,也可用于进程调度。作业调度中,它每次从后备作业队列中选择最先进入该队列的作业调入内存,为它分配资源、创建进程,并插入到就绪队列;进程调度中,它每次从就绪队列中选择一个最先进入的进程,为之分配 CPU,使之投入运行。

【例 4-1】　单 CPU 环境下,某批处理系统中有四道作业,它们的提交顺序分别是 0、1、2、3,估计运行时间分别是 20min、5min、10min、2min。若系统采用 FCFS 调度算法,则这组作业的平均周转时间和平均带权周转时间如表 4-1 所示。

表 4-1　FCFS 调度算法

作　　业	提交次序	运行时间/min	开始时间	完成时间	周转时间/min	带权周转时间/min
1	0	20	8:00	8:20	20	1
2	1	5	8:20	8:25	24	4.8
3	2	10	8:25	8:35	33	3.3
4	3	2	8:35	8:37	34	17

平均周转时间为 27.75min,平均带权周转时间为 6.525min。

先来先服务调度算法是非抢占式的,即进程会一直运行到完成或发生某事件而阻塞后才放弃 CPU,期间即使有重要、紧迫的进程,也不能剥夺当前正在运行的进程的 CPU,从而导致重要的进程无法及时得到处理。此外,FCFS 算法根据作业或进程的先后抵达时间进行调度,未考虑作业的运行时间长短。因此,FCFS 算法有利于长作业或进程,而不利于短作业或进程;有利于 CPU 繁忙的作业,而不利于 I/O 繁忙的作业。

4.4.2 短者优先

短者优先调度是指系统优先调度运行时间较短的作业或进程。该算法用于作业调度时称为短作业优先(SJF)调度算法,用于进程调度时称为短进程优先(SPF)调度算法。短作业优先(SJF)调度算法是指从作业后备队列中选择一个估计运行时间最短的作业调入内存运行,分配必要的资源,创建相应的进程等;短进程优先(SPF)调度算法则是从进程就绪队列中选出一个估计运行时间最短的进程,为它分配 CPU,使之立即执行直至运行结束,或发生某事件而被阻塞放弃 CPU 时再重新调度。

【例 4-2】 续例 4-1。如果系统采用短作业优先调度算法(非抢占式方式),平均周转时间和平均带权周转时间如表 4-2 所示。

表 4-2 短作业优先调度算法

作 业	提交次序	运行时间/min	开始时间	完成时间	周转时间/min	带权周转时间/min
1	0	20	8:00	8:20	20	1
2	1	5	8:22	8:27	26	5.2
3	2	10	8:27	8:37	35	3.5
4	3	2	8:20	8:22	19	9.5

平均周转时间为 25min,平均带权周转时间为 4.8min。

由结果可知,SJF 调度算法比 FCFS 调度算法具有较短的平均周转时间和平均带权周转时间,这说明短者优先调度算法能够有效提高系统的吞吐量和 CPU 利用率。

虽然短者优先调度算法对短作业或进程有利,但也存在以下几个不容忽视的问题:

(1) 短者优先算法不利于长作业或进程。如果系统不断接收到更短的作业或进程,那么长作业或进程就可能一直得不到调度,从而产生饥饿现象。

(2) 短者优先算法常采用非剥夺方式(即没有特别说明的情况),没有考虑作业或进程的紧迫程度,从而无法保证及时处理紧迫作业或进程。

(3) 短者优先算法实现难度较大,因为准确估计作业或进程的运行时间非常困难。

4.4.3 高响应比优先

FCFS 调度算法只考虑了等待时间,而忽视了运行时间,反之,短者优先调度算法只考虑了运行时间,而忽视了等待时间。高响应比优先则综合了这两种算法,在等待时间和运行时间方面折中考虑。

高响应比优先(HRN)调度算法是指每次调度时选择具有最高响应比的作业或进程进行调度,其中响应比是作业或进程的响应时间(等待时间与要求服务时间之和)与要求服务时间的比值。作业或进程的响应比会随着其等待时间的增长而逐渐提高。这样长作业或进程最终必然有机会获得CPU。

高响应比优先调度算法具有以下特点:

(1) 若等待时间相同,则要求服务的时间越短,其响应比越高,这相当于短者优先。

(2) 若要求服务的时间相同,则等待时间越长,其响应比越高,这相当于先来先服务。

(3) 长作业或进程的响应比会随着等待时间的增加而提高,当等待时间足够长时,其响应比便可升到很高,因此,最终也可获得CPU执行。

【例4-3】 续例4-1。若采用高响应比优先的调度算法,则系统的平均周转时间和平均带权周转时间如表4-3所示。

表4-3 高响应比优先调度算法

作　　业	提交次序	运行时间/min	开始时间	完成时间	周转时间/min	带权周转时间/min
1	0	20	8:00	8:20	20	1
2	1	5	8:32	8:37	36	7.2
3	2	10	8:22	8:32	30	3
4	3	2	8:20	8:22	19	9.5

平均周转时间为26.25min,平均带权周转时间为5.175min。

当作业1到达时,其他作业都还没有到达,作业1马上开始运行,直至运行结束。作业1结束时,作业2、作业3和作业4均已经到达,它们的响应比分别为4.8、2.8和9.5,因此选择作业4运行。作业4完成后,作业2和作业3的响应比分别为5.2和11,因而选择作业3运行,最后执行作业2。

由以上结果可知,高响应比优先调度算法的性能介于先来先服务调度算法和短者优先调度算法之间,它既照顾了用户的等待时间,又考虑了作业或进程运行时间的长短。因此,它是先来先服务调度算法和短者优先调度算法的折中。高响应比算法的缺点是每次调度之前都需要计算响应比,因而增加了系统开销。

4.4.4　优先权高者优先

优先权高者优先调度算法(HPF)是指每次调度时选择具有最高优先权的作业或进程进行调度。它既可以用于作业调度,也可以用于进程调度。由于优先权可由作业或进程的紧迫程度决定,因此该调度算法可以保证紧迫性作业或进程优先运行。一般而言,优先权使用某个范围内的一个整数来表示,且数值越低表示优先权越高,如0表示最高优先权。

优先权高者优先调度算法的核心是如何确定作业或进程的优先权。通常情况下,作业或进程优先权的确定方式有两种。

(1) 静态优先权：作业或进程的优先权是按照某种规则事先就已确定，且在整个运行期间均保持不变。确定优先权的依据有进程的类型（系统进程的优先权高于用户进程）、资源需求（所需资源越少或资源代价越高，优先权越高）和用户要求（紧迫程度越高，优先权越高）等。静态优先权方法简单易行、系统开销小，但优先权划分比较困难，且会导致优先权低的进程或作业很长时间内得不到调度。

(2) 动态优先权：创建时所赋予作业或进程的优先权，可以随着进程的推进而发生改变，以获得更好的调度性能。例如，作业或进程的动态优先权可依据运行时间的长短（占有 CPU 的时间越长，则在被阻塞之后再次获得调度的优先权就越小；反之，获得调度的可能性就会越大）和等待时间的长短（等待时间越长，获得调度选中的优先权级就越大）来决定。动态优先权方法能有效提高系统性能，但由于需要动态地计算优先权，故而系统开销较大。

优先权高者优先调度算法在具体的实现过程中可采取两种不同的调度方式：

(1) 非抢占式优先权调度算法：指系统一旦将 CPU 分配给优先权最高的进程后，该进程便一直运行下去，直至完成；或因发生某事件使该进程放弃 CPU 时，系统才将 CPU 重新分配给其他进程。此方式主要用于批处理系统和实时性要求不严的实时系统。

(2) 抢占式优先权调度算法：指某个进程在运行期间，若具有更高优先权的进程抵达，则系统将暂停该进程的执行，重新将 CPU 分配给那个更高优先权的进程，直至其运行结束，再将 CPU 分配给被暂停的进程。此方式能更好地满足紧迫性要求，因而常用于要求比较严格的实时系统，或对性能要求较高的批处理和分时系统。

4.4.5 时间片轮转

时间片轮转调度算法（RR）是指系统将所有就绪进程按先来先服务的原则排成一个队列，并把 CPU 的时间划分成若干时间片。系统每次调度时，把一个时间片分配给队首进程，当时间片用完后，暂停该进程的执行，并将它送往就绪队列的末尾，然后再把下一个时间片分配给就绪队列中新的队首进程，也让它执行一个时间片，这个过程一直持续，直至所有进程执行完毕。时间片轮转调度算法保证了就绪队列中所有进程在一定的时间（可以接受的等待时间）内，均能获得一个时间片的运行时间。时间片轮转调度算法只适用于交互进程调度。

通常情况下，两种情况会发生时间片轮转：

(1) 时间片用完：进程的时间片用完，且进程还未结束，则该进程将暂停运行，插入就绪队列的末尾，排队等待下次调度，CPU 将被分配给就绪队列中队首的进程。

(2) 进程已结束：正在运行的进程在分配给它的时间未用完时就结束，则系统从就绪队列中选择队首的进程，并将 CPU 分配给它，使之运行。

时间片轮转调度算法中，时间片的大小对系统的性能有很大的影响。如果时间片太大，大到每个进程都能在一个时间片内执行完毕，则时间片轮转调度算法就退化为先来先服务调度算法，用户将不能得到满意的响应时间。反过来，如果时间过小，CPU 在各进程之间切换太频繁，增加了系统开销及其负担，同样难以保证用户对响应时间的要求。因此，时间片在设置时，常要考虑以下几个因素：

（1）系统对响应时间的要求：当进程数目一定时，时间片的大小正比于系统所要求的响应时间。

（2）就绪进程的数目：就绪队列上的进程数目是随着终端机上的用户数目而改变的。时间片的大小应反比于系统所配置的终端数目（即用户数目）。

（3）系统的处理能力：系统必须保证用户输入常用的命令能在一个时间片内处理完毕，否则将无法取得用户满意的响应时间。

【例 4-4】　单 CPU 环境下，某分时系统中有五道作业。如表 4-4 所示，给出了时间片 $q=1$ 和 $q=4$ 时，系统的平均周转时间。

表 4-4　时间片轮转调度算法

进程名	进程到达时间	需要服务时间/min	RR，$q=1$			RR，$q=4$		
			进程完成时间	进程周转时间/min	带权周转时间/min	进程完成时间	进程周转时间/min	带权周转时间/min
A	8:00	4	8:15	15	3.75	8:04	4	1
B	8:01	3	8:12	11	3.67	8:07	6	2
C	8:02	4	8:16	14	3.5	8:11	9	2.25
D	8:03	2	8:09	6	3	8:13	10	5
E	8:04	4	8:17	13	3.33	8:17	13	3.33
平均值				11.8	3.46		8.4	2.5

4.4.6　多级反馈队列

前面所述的几种调度算法都存在一定的局限性，无法满足用户对进程调度策略的不同要求，如先来先服务调度算法不适合短作业或进程，而短者优先调度算法不利于长作业或进程。多级反馈队列调度算法（MFQ）兼有前面多种调度算法的优点，可以满足各种用户的需要。因此，它被公认为一种较好的进程调度算法。

多级反馈队列调度算法的组织方式如图 4-2 所示。

其具体实施过程如下：

（1）设置多个就绪队列，并为每个队列赋予不同的优先权，其中第一个队列的优先权最高，第二个队列其次，其余各队列的优先权逐个降低。

（2）每个队列都采取时间片轮转调度算法，但不同队列的时间片大小不相同，其中优先权越高的队列，其时间片越小。一般低一级队列的时间片是高一级队列的 2 倍。

（3）当一个新的进程进入内存后，根据优先级将其放入对应就绪队列的末尾，按照先后次序等待时间片轮转调度。调度时，若该进程能在一个时间片内完成，则正常终止；否则时间片结束后暂停其运行，并将其放入第二个队列的末尾，再同样按照先后次序排队等待时间片轮转调度。如果它在第二个队列中运行一个时间片后仍未结束，则依此方法放入第三个队列的末尾。如此下去，直至运行结束。

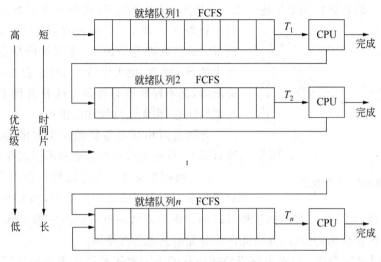

图 4-2 多级反馈队列调度算法

（4）仅当第一个队列没有进程可运行时，系统才能调度第二个队列中的进程运行。相应地，只有当前面 $n-1$ 个队列没有进程时，才能调度第 n 个队列中的进程。CPU 正在执行第 n 个队列中的某个进程时，若有新进程进入优先权较高的队列，那么 CPU 应暂停执行，将其放回到第 n 个队列的末尾，转而去执行新的进程。

多级反馈队列调度算法的特点是不需要事先知道各个进程所需的执行时间，降低了实现的难度，同时可以兼顾不同类型的调度需求。例如，短进程可以在前面少数几个队列中完成，其响应时间可以得到保证；长作业最终可以在第 n 个队列中按照时间片轮转的方式运行完成，不会出现饿死现象。

4.5 死　　锁

多道程序环境下，进程的并发运行提高了系统资源的利用率和增强了系统的处理能力，但并发进程执行不当，可能会发生称为死锁的危险状态。死锁的发生不仅浪费大量的系统资源，甚至导致整个系统崩溃，带来灾难性的后果。本节将阐述死锁的概念、产生死锁的原因和必要条件，以及处理死锁的方法。

4.5.1 死锁的基本概念

死锁是指多个进程因竞争资源而造成的一种僵局现象，若无外力的作用，这些进程将无法继续往前推进。死锁现象不仅出现在计算机系统中，而且日常生活中也广泛存在。例如，河上有座独木桥，桥面较窄仅能容纳一个人通过。如果 P_1 和 P_2 两人分别由桥的两端走上该桥，并在桥上相遇。此时，若 P_1 和 P_2 都不肯退步，则他们都无法通过。又比如两个小朋友各自都拿了一个对方心爱的玩具，当他们想要对方手里的玩具又不肯放开自己的玩具时，就陷入了僵局，大家都拿不到对方手上的玩具。

死锁的一般状态的抽象描述如图 4-3 所示,其中进程 P_1 占有了资源 S_1,进程 P_2 占有了资源 S_2。若 P_1 必须占有资源 S_2 才能往前推进,P_2 也必须拥有资源 S_1 才能往前推进,则 P_1 又去申请 S_2,而 P_2 也去申请 S_1,且它们在申请对方的资源时,都不释放原有资源。这时进程 P_1 和 P_2 陷入僵局状态,都无法继续往前推进。

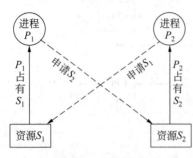

图 4-3　死锁模型

死锁是因相互竞争资源而引起的,而资源根据固有属性,可分为可剥夺资源和不可剥夺资源:

(1)可剥夺资源:指可以被一个进程强行从其他进程手中剥夺过来使用的资源,如 CPU 和内存属于可剥夺资源,因为优先权高的进程可以剥夺优先权低的进程所占用的 CPU,系统可将某个进程由内存移出到外存,并将此区域分配给其他进程使用。

(2)不可剥夺资源:指除占有资源的进程不再需要该资源而主动释放资源外,其他进程不能从占有资源的进程处强行剥夺,如打印机就属于不可剥夺类型的资源。

根据使用期限,资源可分为永久性资源和临时性资源。

(1)永久性资源:指可以顺序重复使用的资源,如硬件设备都属于永久性资源。

(2)临时性资源:指使用完毕之后就再也没有用的资源,也称消耗性资源,如进程同步和通信中出现的消息、信号量等均属于临时性资源。

系统若对不可剥夺资源和临时性资源使用不当,就可能会导致死锁的发生。

4.5.2　产生死锁的原因

引起死锁的原因主要有两个:竞争资源和进程的推进顺序不当。

1. 竞争资源

当系统中供多个进程共享的资源不足以同时满足它们的需求时,就会引起这些进程对共享资源的竞争,从而导致死锁的发生。当进程竞争下列两类资源时会产生死锁。

(1)竞争不可剥夺资源:可剥夺资源的共享一般不会导致死锁,但不可剥夺资源的竞争可能引起死锁。假设系统中只有一台打印机 R_1 和一台磁带机 R_2 可供进程 P_1 和 P_2 共享,且 P_1 和 P_2 已分别占用了 R_1 和 R_2。此时,若 P_2 继续要求 R_1,则由于 R_1 已被占用,P_2 将阻塞;同理,若 P_1 要求 R_2 也将阻塞。于是,P_1 和 P_2 都在等待对方释放自己所需要的资源。由于它们都不能获得自己所需要的资源,且不能释放自己所占有的资源,故都不能继续推进,以致进入死锁状态。

(2)竞争临时性资源:竞争临时性资源也可能发生死锁。图 4-4 描述了三个进程 P_1、P_2 和 P_3 之间的通信过程。其中 P_1 释放消息 S_1,又试图申请消息 S_3;P_2 释放消

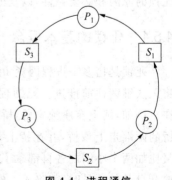

图 4-4　进程通信

息 S_2，又试图申请消息 S_1；P_3 释放消息 S_3，又试图申请消息 S_2。若它们都先释放消息，再申请新消息，则可以顺利执行下去；但是，若它们都先申请到消息后再释放消息，则它们都因为无法申请到消息而永久受到阻塞，从而产生了死锁。

2. 进程的推进顺序非法

进程在运行过程中，若请求和释放资源的顺序不当，也会导致死锁。例如，生产者-消费者问题中，如果生产者先执行 P(mutex)，再执行 P(empty)，即生产者先占用仓库再检查仓库中是否有空位，那么当仓库满的时候，生产者发现没有空位后就会被阻塞，此时，若消费者要取产品，由于生产者已占用了仓库，消费者则因无法占用仓库而阻塞，最终陷入了死锁状态。同理，如果消费者先执行 P(mutex)，再执行 P(full)，当仓库为空时，也将陷入死锁状态。

4.5.3　产生死锁的必要条件

并发进程在运行过程中，并不一定会发生死锁。但是，若运行过程中发生了死锁，则满足下述四个必要条件之一。

(1) 互斥访问：指进程独占、排他地访问资源，即资源在一段时间内只能被一个进程占用，若其他进程请求访问，则需要等待，只有当占有进程访问完并释放后，其他进程才可以访问该资源。

(2) 请求和保持：指进程已拥有并保持至少一个资源，若又提出了新的资源请求，而该资源已被其他进程占有，此时请求进程被阻塞等待，但又不释放自己所拥有的资源。

(3) 不可剥夺：指进程所占用的资源在进程结束前都不能被剥夺，只有在运行结束后自己主动释放。

(4) 循环等待：指死锁发生后，必然存在一个"进程-资源"的循环等待链，链中每个进程至少拥有链中下一个进程所需要的一个资源。

4.5.4　处理死锁的基本方法

死锁的发生不但严重影响系统资源的利用率，而且还可能带来不可预期的后果，因此，需要采取一些策略来处理死锁问题。处理死锁的基本方法主要有三种：预防死锁、避免死锁、检测和解除死锁。

(1) 预防死锁：指资源分配前，通过设置某些资源分配的限制条件，破坏产生死锁的四个必要条件中的一个或几个。预防死锁是一种较简单易用的方法，但施加的限制条件会导致系统资源利用率和吞吐量下降。

(2) 避免死锁：指资源分配前不设置限制条件，资源分配过程中，使用某种策略对资源的每次分配进行管理，以避免某次分配使系统进入不安全状态，以至产生死锁。该方法限制较少，可以获得较好的系统资源利用率和吞吐量。

(3) 检测和解除死锁：指通过系统的检测过程，及时检测系统是否出现死锁，并确定与死锁有关的进程和资源，然后通过撤销或挂起死锁中的部分进程，回收相应的资源，进行资源的再次分配,从而解除进程死锁状态。

4.5.5　死锁的预防

预防死锁是指通过破坏产生死锁的四个必要条件中的一个或几个,预先排除产生死锁的可能性。由于互斥访问是资源的固有特性所决定的,所以预防死锁主要是通过破坏产生死锁的必要条件中的其他三个条件来实现。

1. 破坏"请求和保持"条件

系统在资源分配时,要求进程必须一次性地申请在整个运行过程中所需要的全部资源。若系统有足够的资源,便一次性将其所需资源分配给该进程,使得该进程在运行过程中不会再提出资源申请,从而摒弃了"请求"条件。若分配时,只要有一个资源要求不能满足,系统将不分配任何资源给该进程,此时进程没有占有任何资源,因而也摒弃了"保持"条件。

这种预防方法简单方便、易于实现。由于进程最初就获取并独占所需的全部资源,且部分资源可能在进程整个运行期间很少使用,因此导致资源的严重浪费。此外,如果进程申请的资源很多,很可能因为所需资源无法满足而长时间等待,从而发生饥饿现象。

2. 破坏"不可剥夺"条件

已经占有某些资源的进程提出申请新的资源且不能立即得到满足时,必须释放它已占有的所有资源,待以后需要时再重新申请。这意味着进程已经拥有的资源,在运行过程中可能会暂时被迫释放,从而摒弃了"不可剥夺"条件。

这种预防死锁方法实现较复杂,且需付出较大的代价,有可能造成进程前段的工作失效。此外,这种方法还可能反复申请和释放资源,导致进程的执行无限延迟,从而增加了系统开销,降低了系统吞吐量。

3. 破坏"环路等待"条件

系统在资源分配前,先对系统中所有资源按照类型进行线性排序,并给每类资源赋予不同的序号。进程申请资源时,必须按序号由小到大顺序申请,即只有先申请序号小的资源并得到满足后,才能再申请序号大的资源。这样的分配方式能防止进程和资源形成环路链,从而摒弃"环路等待"条件。

这种预防方法具有较好的资源利用率和吞吐量,但也存在一些问题:

(1) 各种类型资源的序号必须相对固定,这限制了系统中新设备的增加。

(2) 进程实际使用资源的顺序可能与系统规定的序号不同,会造成系统资源的浪费。

(3) 按顺序申请资源的方法使用户编程受到了约束,限制了用户编程的自主性。

4.5.6　死锁避免

预防死锁虽然可以防止死锁的产生,但是系统性能和效率却大大降低。死锁的避免不需要刻意破坏死锁产生的必要条件,而只需在资源分配的过程中,对进程所申请的每个资源进行检查,计算资源分配是否安全,再决定是否分配资源给该进程。

1. 安全状态

安全状态是指系统能够按照某种顺序为每个进程分配所需要的资源,直到最大需求,使得每一个进程都可以顺利完成。如果系统在资源分配过程中存在一个安全序列,则称系统处于安全状态;反之,若不存在安全序列,则称系统处于不安全状态。系统进入不安全状态后,可能会发生死锁,只要处于安全状态,就不会发生死锁。

避免死锁的实质就是系统进行资源分配时,计算资源分配的安全性,若此次分配不会导致系统进入不安全状态,便分配资源给该进程,否则不分配资源给该进程,以保证系统总是处于安全状态。

【例 4-5】　假设系统中有 12 台磁带机和 3 个进程 P_1、P_2 和 P_3,其中 P_1 最多要求 10 台磁带机,P_2 最多要求 4 台磁带机,进程 P_3 最多要求 9 台磁带机。t_0 时刻,P_1、P_2 和 P_3 分别获得了 5 台、2 台和 2 台磁带机,如表 4-5 所示。

表 4-5　磁带机分配情况

进程	最大需求/台	已分配/台	可用/台
P_1	10	5	3
P_2	4	2	
P_3	9	2	

此时,系统还有 3 台磁带机空闲,而 P_1、P_2 和 P_3 分别需要 5、2 和 7 台磁带机才能继续往下执行。因此,若将剩余 3 台中的 2 台分配给 P_2,P_2 结束后释放其所占有的磁带机,系统就有 5 台磁带机可用;系统再将这 5 台全部分配给 P_1,P_1 正常运行结束后归还 10 台磁带机;最后分配 P_3 所需要的 7 台,P_3 结束后归还 9 台给系统。换句话说,存在一个序列< P_2、P_1、P_3 >使得系统处于安全状态。

假设 t_0 时刻后,P_3 申请并有得到 1 台,到达了另一个时刻 t_1,这时系统就从安全状态变为不安全状态了。因为在 t_1 时刻,系统还有 2 台可用。进程 P_2 还需要 2 台,可以立即得到 2 台用完并归还系统,系统还有 4 台可用;P_1 还需要 5 台,P_3 还需要 6 台,剩余的 4 台无论如何分配都无法满足其要求,因此没有安全序列,系统处于不安全状态。

2. 银行家算法

银行家算法是一种典型的避免死锁的方法。它来源于银行的借贷业务:银行具有一定数量的本金要供多个客户的借贷周转,借贷过程中必须考察客户的每一笔贷款是否能在限期内归还,以防止银行资金无法周转而倒闭。

假定系统中有 n 个进程(P_1, P_2,…, P_n)和 m 类资源(R_1, R_2,…, R_n),银行家算法需要以下几种数据结构:

• 可利用资源向量 Available:m 个元素组成的数组,其中每一个元素代表一类资源的空闲资源数目,其初值是系统中各类资源的总数,Available$[j]=k$ 表示系统中现有 k 个空闲的 R_j 类资源;

- 最大需求矩阵 Max:$n×m$ 的矩阵,表示系统中每个进程对各类资源的最大需求数目,其中 Max$[i,j]=k$ 表示进程 P_i 需要 R_j 类资源的最大数目为 k;
- 分配矩阵 Allocation:$n×m$ 的矩阵,表示当前已分配给每个进程的各类资源的数量,其中 Allocation $[i,j]=k$ 表示进程 P_i 当前已有 k 个 R_j 类资源;
- 需求矩阵 Need:$n×m$ 的矩阵,表示系统中每个进程还需要各类资源的数量,其中 Need$[i,j]=k$ 表示进程 P_i 当前还需要 k 个 R_j 类资源才能完成其任务。Need$[i,j]=$Max$[i,j]-$Allocation $[i,j]$;。

令 Request 为进程 P_i 的请求资源的数量,其中 Request$[j]=k$ 表示进程 P_i 请求分配 k 个 R_j 类资源。银行家算法的处理步骤如下:

(1) 若 Request$[j]≤$Need$[i,j]$,则转向步骤(2);否则表示申请的数量超过了它所需要的量。

(2) 如果 Request$[j]≤$Available$[j]$,则转向步骤(3);否则表示系统中没有足够的资源满足 P_i 的申请,因此 P_i 必须等待。

(3) 尝试将资源分配给 P_i,并修改以下数据:

```
Available[j]=Available[j]-Request[j];
Allocation[i, j]=Allocation[i, j]+Request[j];
Need[i, j]=Need[i, j]+Request[j];
```

(4) 系统执行安全性算法,检查此次资源分配后,系统是否处于安全状态。若安全,则将资源分配给 P_i;否则,恢复原来的资源分配状态,让 P_i 等待。

安全性检查算法描述如下:

(1) 设置向量 Work,表示系统可供进程继续运行的各类资源的空闲数目,初始值为 Work＝Available;设置向量 Finish,表示系统是否有足够的资源分配给进程可以使之运行完成,初始时 Finish$[i]=$false;若有足够的资源分配给 P_i,则 Finish$[i]=$true。

(2) 查找一个能满足条件 Finish$[i]=$false 和 Need$[i,j]≤$Work$[j]$ 的进程,若能找到,执行步骤(3),否则执行步骤(4)。

(3) 若 P_i 获得资源后可顺利执行至结束,并释放所分配给它的资源,则执行 Work$[j]=$Work$[j]+$Allocation$[i,j]$ 和 Finish$[i]=$true,然后转向步骤(2)。

(4) 若所有进程的 Finish$[i]=$true,则表示系统处于安全状态;否则,系统处于不安全状态。

【例 4-6】 假设系统中共有五个进程 P_1、P_2、P_3、P_4、P_5 和三种资源 R_1、R_2 和 R_3,它们的数量分别为 17、5 和 20。T_0 时刻系统状态如表 4-6 所示。

若采用银行家算法实施死锁避免策略,则:

(1) T_0 时刻,系统是否处于安全状态?

(2) T_0 时刻,若 P4 发出资源请求 Request$(0,3,4)$,是否可将资源分配给它?

(3) T_0 时刻,若 P4 发出请求资源 Request$(2,0,1)$,是否可将资源分配给它? 为什么?

(4) 在第(3)小题的基础上,若 P_1 请求资源 Request(0,2,0),是否将资源分配给它?

表 4-6 系统资源分配情况

进 程	资 源											
	Max			Allocation			Need			Available		
	R_1	R_2	R_3	R_1	R_2	R_3	R_1	R_2	R_3	R_1	R_2	R_3
										2	3	3
P_1	5	5	9	2	1	2	3	4	7			
P_2	5	3	6	4	0	2	1	3	4			
P_3	4	0	11	4	0	5	0	0	6			
P_4	4	2	5	2	0	4	2	2	1			
P_5	4	2	4	3	1	4	1	1	0			

具体解题过程如下:

(1) 利用安全性算法对 T_0 时刻的资源分配情况进行分析,T_0 时刻的安全性分析过程如表 4-7 所示。由于在 T_0 时刻存在一个安全序列$<P_4,P_2,P_1,P_3,P_5>$,故 T_0 时刻系统是安全的。

(注:本题安全序列不唯一,请读者试着寻找其他的安全序列。)

表 4-7 T_0 时刻的安全性检查

进 程	资 源												Finish
	Max			Need			Allocation			Work+Allocation			
	R_1	R_2	R_3	R_1	R_2	R_3	R_1	R_2	R_3	R_1	R_2	R_3	
P_4	4	2	5	2	2	1	2	0	4	4	3	7	true
P_2	5	3	6	1	3	4	4	0	2	8	3	9	true
P_1	5	5	9	3	4	7	2	1	2	10	4	11	true
P_3	4	0	11	0	0	6	4	0	5	14	4	16	true
P_5	4	2	4	1	1	0	3	1	4	17	5	20	true

(2) 若 P_4 发出资源请求 Request(0,3,4),系统按银行家算法进行检查。由于 Request(0,3,4)>Need(2,2,1),系统不分配资源给 P_4,并让 P_4 等待。

(3) 若 P_4 发出资源请求 Request(2,0,1),系统按银行家算法进行检查。由于 Request(2,0,1)≤Need(2,2,1)且 Request(2,0,1)≤Available(2,3,3),系统尝试分配资源给 P_4,并修改有关数据。系统的状态 T_1 情况如表 4-8 所示。

检查 T_1 时刻系统的安全性,如表 4-9 所示,T_1 时刻系统存在安全序列$<P_4$,$P_5,P_1,P_2,P_3>$,故 T_1 时刻系统是安全的。因此,系统可以满足 P_4 发出的请求 Request(2,0,1)。

表 4-8　T_1 时刻系统资源分配情况

进　　程	资　　源											
	Max			Allocation			Need			Available		
	R_1	R_2	R_3	R_1	R_2	R_3	R_1	R_2	R_3	R_1	R_2	R_3
										0	3	2
P_1	5	5	9	2	1	2	3	4	7			
P_2	5	3	6	4	0	2	1	3	4			
P_3	4	0	11	4	0	5	0	0	6			
P_4	4	2	5	4	0	5	0	2	0			
P_5	4	2	4	3	1	4	1	1	0			

表 4-9　T_1 时刻的安全性检查

进　　程	资　　源												Finish
	Max			Need			Allocation			Work＋Allocation			
	R_1	R_2	R_3	R_1	R_2	R_3	R_1	R_2	R_3	R_1	R_2	R_3	
P_4	4	2	5	2	2	1	2	0	4	4	3	7	true
P_5	4	2	4	1	1	0	3	1	4	7	4	11	true
P_1	5	5	9	3	4	7	2	1	2	9	5	13	true
P_2	5	3	6	1	3	4	4	0	2	13	5	15	true
P_3	4	0	11	0	0	6	4	0	5	17	5	20	true

（4）P_1 在 T_1 时刻发出资源请求 Request$(0，2，0)$，系统按银行家算法进行检查。由于 Request $(0，2，0) \leqslant$ Need$(3，4，7)$ 且 Request$(0，2，0) \leqslant$ Available$(0，3，2)$，系统尝试分配资源给 P_1，并修改有关数据，系统的状态 T_2 情况如表 4-10 所示。

表 4-10　T_2 时刻系统资源分配情况

进　　程	资　　源											
	Max			Allocation			Need			Available		
	R_1	R_2	R_3	R_1	R_2	R_3	R_1	R_2	R_3	R_1	R_2	R_3
										0	1	2
P_1	5	5	9	2	3	2	3	2	7			
P_2	5	3	6	4	0	2	1	3	4			
P_3	4	0	11	4	0	5	0	0	6			
P_4	4	2	5	4	0	5	0	2	0			
P_5	4	2	4	3	1	4	1	1	0			

检查 T_2 时刻系统的安全性，由于剩余资源 Available$(0，1，2)$ 不足以为任何进程分配，故 T_2 时刻系统处于不安全状态。因此，系统对于 P_1 资源分配请求不予满足。

4.5.7　死锁检测与解除

通过资源分配时加以限制的方式，虽然可以预防和避免死锁的发生，但却不利于各进程共享系统各类资源,降低了系统的资源利用率和吞吐量。死锁的另一种解决方法是事前不采取任何措施来预防和避免死锁,而是允许死锁发生,然后定期检查是否发生死锁。若检测到死锁发生,则采取策略将进程从死锁状态中解脱出来。

1. 死锁的检测

检查死锁的办法就是根据系统中资源的请求和分配信息,检测进程与资源所构成的资源分配图中是否存在一个或多个环路。若存在环路,则死锁存在,否则死锁不存在。

资源分配图是一个描述进程和资源申请及分配的一种有向图。资源分配图中,圆圈和方框分别表示进程和资源,方框内小圆点代表一个资源,有向边表示进程申请资源或资源分配情况。如图 4-5 所示,描述了一个资源分配示意图,其中边 $P_1 \rightarrow R_2$ 表示进程 P_1 申请一个 R_2 资源;边 $R_1 \rightarrow P_2$ 表示一个 R_1 资源已经分配给了 P_2。由图中结果可知,P_1 已占有两个 R_1 资源,并请求一个 R_2 资源;P_2 已占有 R_1 和 R_2 各一个资源,并又请求一个 R_1 资源。

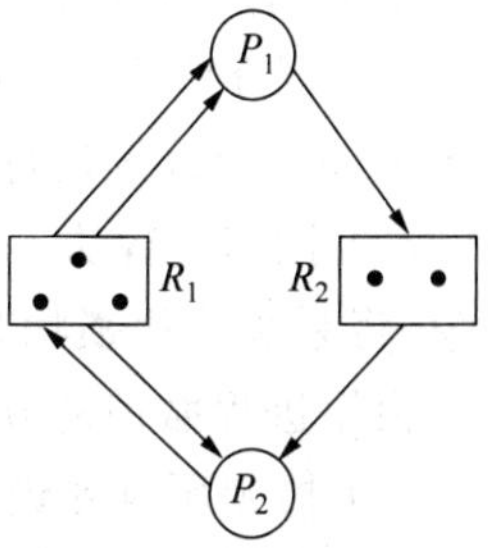

图 4-5 资源分配示意图

死锁检测时,可以通过简化资源分配图的方式,判断系统当前是否处于死锁状态。资源分配图的具体简化过程如下:在资源分配图中,找出一个既非阻塞又非孤立的进程节点 P_i。如果 P_i 可以获得其所需的资源而继续运行,直至结束并释放其所占有的全部资源,则将其所有关联的边去除,使其成为孤立点。重复此化简过程,直至无法化简为止。此时,如果资源分配图中所有的进程节点都变成了孤立结点,则称该资源分配图是可以完全化简的,否则是不能完全化简的。

死锁定理是指若系统状态对应的资源分配图是不可完全化简的,则系统处于死锁状态。由此可知,当资源分配图可以完全化简时,该状态为安全状态,不存在死锁;反之,若无法完全化简,则系统中存在死锁。

【**例 4-7**】 设系统当前的资源分配情况如图 4-6 所示,试判断系统是否处于死锁状态。

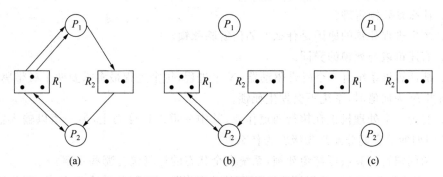

(a)   (b)   (c)

图 4-6 资源分配图的化简过程

化简过程如下:首先找出 P_1,其请求得到一个 R_2。由于 R_2 资源总共有 2 个,其中 1

个已分配给 P_2，还剩下一个，可以满足 P_1 的请求，故将该请求边改成分配边。由于 P_1 都是分配边，意味着 P_1 可以运行结束，故消去 P_1 所有边，使得 P_1 变成了孤立结点，如图 4-6(b)所示。由图 4-6(b)可知，P_2 申请一个 R_1，而 R_1 共有 3 个，其中 1 个已分配给 P_2，还剩 2 个，可以满足 P_2 的请求，故将 P_2 的请求边改成分配边。这时 P_2 都是分配边，消去 P_2 所有的分配边后，P_2 也变成了孤立结点，如图 4-6(c)所示。此时，资源分配图化简完毕，系统中不存在环路，故不会有死锁状态。

2. 死锁的解除

当检测到系统发生死锁时，可采取一定的措施解除进程或系统的死锁状态。死锁的解除常采用两种方法。

(1) 剥夺资源法：从一个或多个进程中抢占足够数量的资源，分配给死锁进程，使其得到足够资源继续运行，以解除死锁状态。

(2) 撤销进程法：采用强制手段，撤销系统中的一个或多个死锁进程，排除环路等待现象，将系统从死锁状态中解脱出来。

根据进程撤销的方式，有两种撤销情况：

(1) 撤销所有死锁进程：即撤销所有处于死锁状态的进程，死锁自然也就解除了。这种方式简单、易实现，但所付出的代价会很大，因为部分进程可能已经运行了很长时间，接近结束，若撤销就"前功尽弃"，需要重新开始运行。

(2) 逐个撤销死锁进程：按照某种顺序，逐个撤销死锁的进程，直到有足够的资源排除环路等待现象。这种方式较上一种要好，但付出的代价也较大，因为每终止一个进程，都需要检测是否已解除死锁；若还没有解除，仍需要继续撤销死锁进程。

习　题

1. 简述作业调度、进程调度与交换调度的区别与联系。

2. 什么是死锁？产生死锁的必要条件是什么？

3. 常用的解决死锁的方法有哪些？

4. 什么是死锁定理？

5. 产生进程死锁的原因是什么？如何解除死锁？

6. 简述饥饿与死锁的异同。

7. 某计算机系统有 6 个磁带驱动器、N 个进程，每个进程最多需要两个磁带驱动器。请问问当 N 为何值时，系统不会发生死锁。

8. 假定一个处理机正在执行两道作业，其中一道以计算为主，另一道以输入输出为主。请问如何给它们分配优先级？为什么？

9. 利用银行家算法可避免死锁，系统安全状态的检测包含哪些步骤？

10. 简述作业调度和进程调度？下面给出的算法中，哪些适合于前者，哪些适合于后者？

(1) FCFS　(2) LJF(Longest First)　(3) SJF　(4) RR　(5) 优先级高者优先

11. 有五个任务（A～E）几乎同时到达，它们的运行时间分别为 10、6、2、4 和 5min（分钟），其优先级分别为 3、5、2、1 和 4（这里 5 为最高优先级）。计算下面每种调度算法的平均周转时间（进程切换开销可以不计）。

(1) 先来先服务（按 A、B、C、D、E 顺序）；(2) 优先级调度；(3) 时间片轮转。

12. 有五个批处理的作业（A、B、C、D 和 E）几乎同时到达，它们的估计运行时间分别为 2、4、6、8 和 10min（分钟），优先级分别为 1、2、3、4 和 5，其中 1 为最低优先级。计算下面每种调度算法的平均周转时间。

(1) 最高优先级优先； (2) 时间片轮转（时间片为 2min）；
(3) 短作业优先；   (4) 先来先服务（按 C、D、B、E、A 顺序）。

13. 设有两个进程 A 和 B，它们各自按以下顺序使用 P、V 原语进行同步操作：

A 进程	B 进程
…	…
$P(S_1)$	$P(S_2)$
…	…
$P(S_2)$	$P(S_1)$
…	…
$V(S_1)$	$V(S_2)$
…	…
$V(S_2)$	$V(S_1)$
…	…

试分析在什么情况下产生死锁。请解释它符合死锁产生的哪个必要条件，并说明有哪些解决死锁问题的方法。

14. 某系统有 R_1、R_2 和 R_3 三种资源，在 T_0 时刻有 4 个进程 P_1、P_2、P_3 和 P_4，它们占用资源和需求资源的情况如表 4-11 所示。

表 4-11　进程占用资源与需求资源的情况

进程	资源最大需求	已分配资源
P_1	3,2,2	1,0,0
P_2	6,1,3	4,1,1
P_3	3,1,4	2,1,1
P_4	4,2,2	0,0,2

此时，系统可用的资源向量为（2,1,2）。

(1) T_0 状态是否安全（给出详细的检查过程）？

(2) 如果此时 P_1 和 P_2 均发出资源请求（1,0,1），为了保证系统的安全性，应该如何分配资源给这两个进程？请说明理由。

15. 在银行家算法中，某系统有 5 个进程和 3 类资源。资源分配情况如表 4-12 所示。

表 4-12　资源分配情况

进程	资源最大需求	已分配资源
P_0	7,5,3	0,1,0
P_1	3,2,2	2,1,0
P_2	9,0,2	3,0,2
P_3	2,2,2	2,1,1
P_4	4,3,3	0,2,2

系统剩余资源数量为(3,2,2)。试问:

(1) 该状态是否安全(给出详细的检查过程)?

(2) 如果进程依次有如下资源请求:

P_1: 资源请求 Request(1,0,2)

P_4: 资源请求 Request(3,3,0)

P_0: 资源请求 Request(0,1,0)

则系统应如何分配资源,才能避免死锁?

16. 试简化图 4-7 所示的资源分配图,并利用死锁定理给出相应的结论。

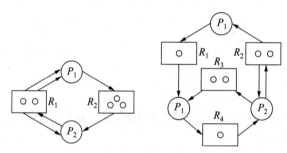

图 4-7　资源分配图

第5章

chapter 5

存储器管理

存储器通常分为主存储器(内存)和辅助存储器(外存),其中外存是内存的直接延伸。CPU 可以直接访问内存中的指令和数据,但不能直接访问外存中的数据。虽然内存容量不断增大,但程序或软件的增长速度惊人,导致内存仍然是一种宝贵而又紧俏的资源。因此,存储器管理也称为内存管理,它的性能优劣直接影响了整个系统的性能。

本章主要介绍存储器管理的基本概念,以及各种存储器管理方式,如单一连续分区存储管理、分区(固定分区和可变分区)存储管理、分页存储管理、分段存储管理和虚拟存储管理等。

5.1 存储器管理概述

CPU 可直接访问内存,用户作业的程序和数据必须装入内存后才能运行。内存一般分为两大区域:系统区和用户区。系统区用于存放操作系统的内核程序和其他系统常驻程序。用户区用于存放用户程序和数据,以及用户态环境中运行的系统程序。它是用户进程可共享的内存区。计算机系统在启动初始化时,将操作系统内核和相关数据加载并驻留系统区(位于内存的低地址部分),这部分内存空间将不再释放,也不能被其他程序或数据所覆盖。系统初始化结束后,操作系统内核开始对用户空间进行动态管理,为用户程序和内核服务程序的运行动态分配内存存储空间,并在执行结束后,释放并回收所占据的空间。存储器管理实质上就是管理供用户使用的那部分空间。

5.1.1 存储体系

任何一种存储设备都无法同时满足用户在速度和容量方面的需求。为解决速度和容量之间的矛盾,现代计算机系统中采用了多级存储器,如寄存器、内存和辅存等,目的是使得系统在成本、速度和规模等诸多因素中获得较好的性价比。计算机系统的存储层次如图 5-1 所示。其中处于最上层的存储介质访问速度最快、价格最高,但容量最小;处于最下层的存储介质访问速度最慢、价格最便宜,容量也最大。

内存主要用于存放进程运行时的程序和数据。CPU 可直接从内存中取得指令和数据进行运算或执行,运算完成后再将结果保存至内存。虽然 CPU 可直接访问内存,但内

图 5-1 计算机系统的存储层次

存的访问速度远低于 CPU 的执行速度。为了缓和这一矛盾,系统引入了寄存器和高速缓存。

寄存器位于 CPU 内部,与 CPU 具有相同的速度,它直接参与 CPU 内部运算,减少了 CPU 与内存的数据交换,很好地解决了速度不匹配的问题,但其容量有限、价格昂贵。高速缓存(Cache)是介于寄存器和内存之间的存储器,它主要用于存储 CPU 经常访问的数据,以减少 CPU 对内存的访问频率,从而大幅提高程序执行速度。高速缓存较好地缓和了 CPU 与内存之间速度不匹配的问题,它的访问速度虽然比 CPU 要慢,但比内存的访问速度要快。

外存虽然可以永久存储程序或数据,但是其访问速度远低于内存。为此,引入了磁盘缓存,它本身并不是一种实际存在的存储器,而是利用内存中的部分存储空间暂时存放从磁盘中读出(或读入)的信息,从而减少访问磁盘的次数,提升磁盘 I/O 的效率,有效地保护磁盘免于因重复读写操作而导致损坏,并最终提高系统资源利用率和系统性能。

5.1.2 存储管理功能

为了有效利用内存空间,允许多个进程共享数据,避免各个进程相互干扰,实现存储保护,存储器管理需具备以下几项主要功能。

(1) 内存分配和回收:指采用一定的数据结构,按照某种算法为每道程序分配内存空间,并记录内存空间的使用情况和作业的分配情况;当程序运行结束后,必须归还作业所占用的内存空间。

(2) 地址变换:CPU 在执行指令的过程中,按内存地址空间中的物理地址获取指令,而程序的编址却是按逻辑地址进行组织指令的,因此系统需要将逻辑地址转换为物理地址。

(3) 内存共享:指两个或多个进程共用内存中相同的区域,使得多道程序动态共享内存,提高内存的利用率,而且还能共享内存中某个区域的信息。

(4) 内存保护:指为多道程序环境中多个进程共享内存时提供保障,使内存中的各道程序只能访问自己的区域,避免各道程序之间相互干扰。当程序发生错误时,不至于影响其他进程的运行,更要防止破坏系统程序。

(5) 内存扩充:指借助虚拟存储技术,将内存和外存结合起来统一使用,从逻辑上扩充内存的容量，使用户得到比实际内存容量大得多的内存空间。

5.1.3　地址变换

1. 物理地址

内存是由若干个存储单元组成的，其中每个存储单元对应一个唯一的编号，用于标识该存储单元，此编号称为物理地址（也称绝对地址）。物理地址是内存中各个存储单元的真实地址。内存中所有的存储单元从 0 开始编号，最大值取决于实际存储单元的数量。CPU 通过物理地址找到相应存储单元中存放的需执行的指令或数据。

物理地址空间是指内存中全部存储单元的物理地址的集合，即内存的总容量，故也称存储空间。不同的程序装入内存后，它们的物理地址空间不能冲突，即每道程序都有自己独立的物理存储空间，互相不干扰、不重叠。

2. 逻辑地址

用户编写的源程序经过编译后形成了目标模块。每个目标模块的首地址都是 0，而程序中其他指令的地址都是相对于首地址进行编址的，这种地址称为逻辑地址（也称相对地址）。由于逻辑地址不是内存中真实的地址，所以它不能用于在内存中存取信息。

逻辑地址空间是指用户程序中指令的逻辑地址的集合，即程序的大小，故也称地址空间。由于逻辑地址只是相对于程序而言的，因此，不同程序的逻辑地址空间可以相同或局部重叠。

3. 地址变换

所有程序调度运行前，必须先装入内存后，CPU 才可以访问。这就要求将程序的逻辑地址与内存的物理地址进行相互转换。地址转换（又称地址重定位）是指将用户使用的逻辑地址转换成内存空间中物理地址的过程。

地址重定位通常有两种方式：静态重定位和动态重定位。

（1）静态重定位

静态重定位是指将程序或作业中的指令和数据的逻辑地址一次性全部转换成物理地址，使得程序或作业在执行过程中无须再进行地址转换工作。静态重定位方式中，程序或作业中的指令或数据的地址变换过程是在其装入内存时一次性完成的，在以后执行过程中不再发生变化。

静态重定位的工作过程：装入程序把目标程序获得的内存区域的起始地址 B 送入基址寄存器，然后在程序装入内存时，将目标程序的所有逻辑地址 A 转换为该基址的相对地址，即 $f(A)=B+A$，其中 A 为地址空间中的任一逻辑地址，$f(A)$ 是 A 所对应的物理地址，如图 5-2 所示。

静态重定位的特点：

① 要求内存空间是连续的，程序不能装在不连续的内存空间。

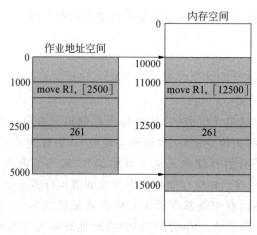

图 5-2　静态重定位示意图

② 程序必须全部装入内存,若没有足够的空闲内存,则不能装入。

③ 程序一旦装入内存后,地址不能再发生变化。

（2）动态重定位

静态重定位虽然可以将程序装入到内存中的任何许可位置,但并不允许程序在内存中移动位置。由于各种客观原因,程序在运行期间其地理位置可能经常需要改变。

动态重定位的地址转换过程不是在程序装入内存的时候进行的,而是程序执行过程中需要访问数据时再进行地址变换,即逐条指令执行时完成从逻辑地址到内存物理地址的变换。为了提高效率,动态重定位过程由硬件地址映射机制来完成。

动态重定位的工作过程:首先将程序全部或部分装入内存,并将其内存空间的起始地址 B 送入到重定位寄存器 R 中。程序执行过程中,要访问的逻辑地址 A 的指令时,硬件便自动地将其中的逻辑地址 A 加上 R 的内容,形成实际的物理地址 $f(A)$,即 $f(A) = B + A$,然后再按该物理地址执行,如图 5-3 所示。

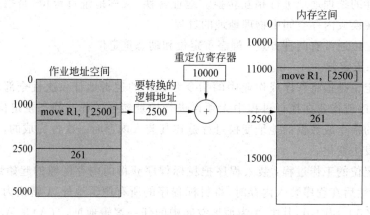

图 5-3　动态重定位示意图

动态重定位的特点:

① 程序装入内存时无须任何修改,使得程序在内存中的位置更加灵活,即使装入内

存之后位置发生变化,也不会影响其正确执行。这对于存储器的紧凑,以及解决内存碎片问题是极其有利的。

② 分配时不要求系统有连续的内存空间,这有利于由若干个相对独立的目标模块组成的程序,其中每个目标模块各装入一个存储区域,且它们的存储区域可以不相邻,只需各个模块有自己的重定位寄存器即可。

③ 不要求程序一次性全部装入内存,只需装入部分程序代码即可运行,程序运行期间,根据需要动态申请分配内存。

④ 需要特殊硬件(重定位寄存器)的支持,以保留程序在内存中的首地址。

5.1.4　存储管理方式

根据实际需要考虑是否将作业或程序全部装入内存,装入后是否需要分配连续的存储区域。内存的存储器管理方式可以分为单一连续分配,分区分配,分页、分段和段页式存储管理等,如图 5-4 所示。

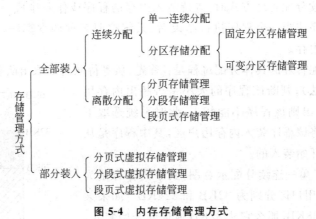

图 5-4　内存存储管理方式

5.2　单一连续分配管理

连续分配方式是指将用户程序或作业作为一个整体,为其分配一个连续的内存存储空间。连续分配管理方式可分为单一连续分配和分区分配这两种管理方式。

1. 基本原理

初期的单道批处理系统和早期的个人计算机系统(如早期的 MS-DOS 和 CP/M)将内存分为两个连续的存储区域,其中一个仅供操作系统使用,称为系统区;另一个供用户程序和数据使用,称为用户区。

单一连续分配方式是指内存的用户区中仅驻留一道程序,整个用户区被一个用户独占。当用户程序空间大于用户区时,该程序不能装入内存;当程序空间小于用户区时,剩余一部分的用户区则被浪费。因此,单一连续分配管理中内存的利用率极低,只适用于单用户单任务操作系统,不适合多用户系统和单用户多任务系统。

单一连续分配方式的特点:

(1)管理简单:内存的用户区只能装入一道用户程序,且占据连续的内存空间,另外,程序运行期间不会移动,且内存的回收不需要任何操作,即不需要复杂硬件的支持。

(2)内存利用率低:当程序的大小与内存用户区的大小不一致时,浪费了一部分或大部分内存空间,另外,装入内存的程序中,有些信息可能从未使用,但也要占用内存空间。

(3)CPU利用率低:程序提出I/O请求时,CPU将处于等待状态。

(4)缺乏灵活性:不支持虚拟存储器的实现,即当程序的地址空间大于内存用户区时,无法装入内存运行。

2. 内存空间的分配

采用单一连续分配管理方式时,等待装入内存的程序或作业排成一个队列。当内存中没有执行的程序或当一个程序执行结束后,系统按照某种调度算法,允许等待队列中的一道程序装入内存。

单一连续分配管理的具体分配过程是:首先,从等待队列中取出队首作业(若采取先来先服务调度方法);判断该程序的大小是否超出内存用户区的大小,若超出则该程序不能装入,此时系统选取下一道程序;否则,将该程序装入内存用户区,其中程序是从用户区的首地址开始装入的。

图5-5给出了单一连续分配示意图,其中内存容量为256KB,系统区和用户区分别为32KB和224KB。如果某道程序的大小为38KB,那么它从32KB地址处开始装入,并占据38KB的空间,剩余的186KB的用户区存储空间则被浪费了。

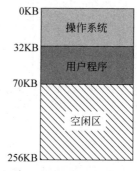

图5-5　单一连续分配示意图

3. 地址变换与存储保护

(1)地址变换

单一连续分配存储管理方式下,内存空间采用静态分配方式。程序或作业一旦装入内存后,需要等到它执行结束后才能释放内存。因此,地址转换过程是在程序或作业装入内存时完成的。

地址转换过程中采用了两个寄存器:基址寄存器和界限寄存器,其中基址寄存器用于存放用户区的首地址,界限寄存器用于存放内存用户区的长度。一般情况下,这两个寄存器的内容不会发生变化,除非系统区的大小变化时才会改变。

单一连续分配存储管理的地址转换过程如图5-6所示,具体步骤如下:

① CPU执行程序指令时,先检查不等式:逻辑地址≥界限地址,判断地址是否超过用户区的大小。

② 若超出用户区大小,则产生地址越界中断事件,暂停程序执行,以实现存储保护。

③ 若未超出,则与用户区的首地址(基址寄存器)相加,得到物理地址,访问该地址的存储单元中的数据或指令。

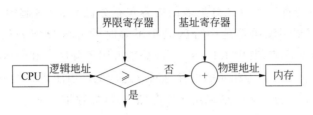

图 5-6　单一连续分配的地址转换

(2) 存储保护

CPU 执行程序指令时,通过比较逻辑地址和界限寄存器的值,判断是否所访问的地址越界。若越界,则产生地址越界的中断信号,以达到存储保护的目的。部分常见的操作系统,如 CP/M、MS-DOS 等,未设置存储保护设施,主要原因如下:

① 用户独占内存,不受其他程序干扰。

② 若出现破坏情况,也是用户程序自己去破坏系统,后果并不严重。

③ 用户程序可通过系统再启动,很容易重新装入内存。

5.3　分区存储管理

单一连续分配方式每次只允许一道用户程序装入内存,并且程序较大时无法装入内存,程序较小时浪费内存存储空间。为此,人们提出了分区存储管理方式,以适应多道程序设计环境。分区管理方式可分为固定分区和可变分区两大类。

5.3.1　固定分区存储管理

1. 基本原理

固定分区是指系统预先把内存中的用户区划分成若干个固定大小的连续区域,每个区域称为一个分区。每个分区可以装入一道程序或作业,每道程序也只能装入一个分区。分区的划分方式有以下两种。

(1) 分区大小相等:指所有分区的大小均相同。该划分方式的缺点是当程序太小(即比分区要小)时,会导致内存空间浪费严重;当程序太大时,会导致程序无法装入内存运行。

(2) 分区大小不等:指将内存用户区划分为多个较小的分区、适量的中等分区和少量的大分区,从而较好地适合大、中、小的程序。虽然该方式可以为程序找到一个相对合适的内存分区,但程序的大小不一定刚好等于某分区的大小,从而导致已分配的分区内部会有部分空间浪费。

2. 固定分区的分配

为了记录各个分区的分配和使用情况,方便内存空间的分配与回收操作,系统通常需要设置一张分区分配表。分区分配表的内容包括分区号、分区起始地址、分区大小以及使用状态。下面举例说明系统中分区大小不等时的分区分配表和内存分配情况。表 5-1 是一张分区分配表,其中 Job1 和 Job3 分别占用了分区 1 和分区 3,分区 2 和分区 4 为内存空闲分区。图 5-7 为相应的内存空间分配情况。由于内存的分区大小和数量是事先确定的,所以分区分配表一般采用顺序存储方式(如数组)。

表 5-1 分区分配表

分区号	分区大小	起始地址	状态
1	16KB	32KB	Job1
2	32KB	48KB	0
3	40KB	80KB	Job3
4	60KB	120KB	0

内存空间的分配和回收过程:当程序请求装入内存并运行时,系统首先检索分区分配表,找出一个能满足要求的空闲区块(状态值为"0"),获取该分区的起始地址及大小,并将分区分配表中该分区的状态改为申请的程序名,表示该分区被此程序占用。随后将程序装入相应的内存空间中,并修改相应的寄存器的值。如果在分区分配表中查找不到合适的空闲分区,则拒绝为用户程序分配内存空间。当内存中某个程序运行完成时,系统需要回收该程序所占用的分区,此时,只需将该分区的状态值重新修改为"0"即可。

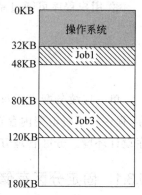

图 5-7 主存储器分配情况

3. 地址变换

由于每个分区只能放一道程序,且大小固定不变,所以地址转换采用静态重定位方式,即程序装入内存时,完成地址变换过程。地址转换过程中采用了两个寄存器:下限寄存器和上限寄存器,其中下限寄存器用于存放分区的起始地址(低地址),上限寄存器用于存放分区的末地址(高地址)。一般情况下,这两个寄存器的内容是随着程序的不同而改变的,它们从分区分配表中获取该分区的起始地址和末地址(起始地址+分区大小-1)。

固定分区存储管理的地址转换过程如图 5-8 所示,具体步骤如下:

(1) CPU 执行程序指令时,获取逻辑地址,并与下限寄存器的值相加,产生物理地址。

(2) 物理地址与上限寄存器的值相比较,判断物理地址是否超过分区大小。

(3) 若超出分区大小,则产生地址越界中断事件,暂停程序执行,以实现存储保护。

(4) 若未超出,则该物理地址为合法地址,访问该地址的存储单元中的数据或指令。

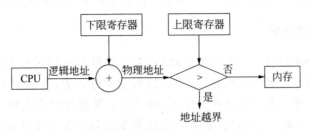

图 5-8   固定分区存储管理的地址转换

5.3.2   可变分区存储管理

固定分区存储管理方式中内存的分区大小是固定不变的,这容易导致分区内部的存储空间浪费。为此,可采用可变分区存储空间管理方式。

1. 基本原理

可变分区是指系统不预先划分固定区域,而是程序或作业装入内存时,根据程序或作业的实际需要动态地划分内存空间。当程序或作业装入内存时,系统先根据程序的大小查看内存是否有足够的空间,若有,则按需求量从用户区空闲块中分割一个分区分配给该程序;否则不予分配。由于分区的大小是按程序的实际需要量确定的,分区的数量和位置也不是事先确定的,所以克服了固定分区方式中的内存空间的浪费问题,这有利于多道程序设计,提高了资源的利用率。

2. 分区表

为了实现可变分区分配,系统中必须设置相应的数据结构,描述分区(空闲的分区和已分配的分区)的使用情况,为程序或作业的分配内存空间提供依据。

(1) 空闲分区表:记录当前内存中空闲分区的情况,包括分区序号、分区起始地址、分区大小及状态等信息,如表 5-2 所示。

(2) 已分配分区表:记录内存中已分配给用户程序或作业的内存分区情况,包括分区序号、起始地址、分区大小及状态,如表 5-3 所示,其中每道程序占用一个表项,其状态值为所分配的程序或作业名。

表 5-2   空闲分区表

起始地址	大小	状态
32KB	6KB	0
65KB	18KB	0
100KB	25KB	0
148KB	30KB	0

表 5-3   已分配分区表

起始地址	大小	状态
40KB	24KB	Job1
84KB	15KB	Job2
126KB	21KB	Job3
180KB	10KB	Job4

为提高检索效率,空闲分区表和已分配分区表通常采用链表的形式组织起来。

3. 可变分区的分配

内存空间的分配过程:系统初始启动后,内存中整个用户区被作为一个空闲分区。当一个新作业或程序请求装入内存时,系统搜索空闲分区表,查找大于等于作业或程序存储空间的空闲区块。若存在这样的分区,则按以下规则分配给该程序或作业:将该空闲分区的大小与程序的大小相减,如果相减后剩余空间小于系统规定的某个值时,那么该空闲分区不再分割,即将整个空闲分区分配给该程序;否则按程序大小分割该空闲分区,其中剩余空间作为新的空闲分区,通过修改相关数据的值,将其保留在空闲分区表中。反之,如果系统中找不到合适的空闲分区,那么该程序或作业无法装入内存。

4. 可变分区分配算法

系统在分配内存空闲分区时,需按照一定的分配算法,从空闲分区表或空闲分区链中,选择一个合适的分区分配给程序或作业。常用的分区分配算法主要有以下四种。

(1) 首次适应算法(First Fit,FF)

首次适应算法又称最先适应算法,该算法要求空闲分区按照首地址递增的顺序排列。每次内存分配时,总是顺序查找空闲分区表(链),找到第一个能够满足要求的空闲分区,按照程序或作业的大小,分割该空闲分区,一部分分配给程序或作业,剩余部分仍然留在空闲分区表(链)中。

首次适应算法的优点:优先使用低地址部分空闲分区,保留了高地址部分的大量空闲分区,这有利于大程序或作业的装入。

首次适应算法的缺点:低地址部分被不断划分,导致内存的低地址区留下了许多难以利用的很小空闲分区,即内存"碎片",而算法每次都从低地址部分开始查找,这增加了查找可用空闲分区的开销。

(2) 循环首次适应算法(Next Fit,NF)

为减少内存碎片产生的速度,减少查找可用空闲分区的时间,首次适应算法被扩展为循环首次适应算法。循环首次算法要求空闲分区按照首地址递增的顺序排列。每次内存分配时,不再从表头(或链首)开始查找,而是从上次分配的空闲分区的下一个空闲分区开始顺序查找(若最后一个空闲分区不能满足要求,则重新从表头或链首开始查找),直到找到第一个能满足要求的空闲分区,分割这个空闲分区,并分配给程序或作业。

循环首次适应算法的优点:内存的空闲分区分布较均匀,减少查找空闲分区的开销。

循环首次适应算法的缺点:经多次分配后,内存缺少较大的空闲分区,以分配给较大的程序或作业。

(3) 最佳适应算法(Best Fit,BF)

最佳适应算法又称最优适应算法,该算法要求将空闲分区按从小到大的顺序排列。每次内存分配时,从表头(或链首)查找第一个能满足程序或作业要求的最小空闲分区,分割该空闲分区给该程序或作业,剩余的空闲部分仍保留在表格(或链表)中,并更新空闲分区表(链)。最佳适应算法的"佳"是指每次找到的空闲区都是能满足作业要求的,并且大小最接近的空闲分区,这样保证不去分割一个更大的空闲分区,使装入大程序或作业时比较容易得到满足。

最佳适应算法的优点:较大的空闲分区被尽量保留下来,有利于大程序或作业的分配。

最佳适应算法的缺点:容易产生内存碎片①,因为查找到的空闲分区的大小刚好与作业所要求的大小相同的概率非常小。若比所要求的略大,则分配后会留下许多非常小的空闲分区,以至于无法再利用。此外,每次分配后需要更新空闲分区表(链),增加了系统开销;分割后小的空闲分区处于分区表(链)首,增加了查找空闲分区的时间。

(4) 最坏适应算法(Worst Fit,WF)

为克服最佳适应算法中空闲分区表(链)首存在许多碎片的问题,提出了最坏适应算法。最坏适应算法又称最差适应算法,该算法与最佳适应算法刚好相反,要求空闲分区按从大到小的顺序排列。每次内存分配时,总是查找空闲分区表(链)首的最大空闲分区进行分割,分配后的剩余空闲分区不至于太小而成为内存碎片,从而容易满足以后程序或作业的要求。

最坏适应算法的优点:不会产生过多的碎片,有利于中、小程序或作业,且查找效率高。

最坏适应算法的缺点:影响大程序或作业的分配。此外,每次分配后需要更新空闲分区表(链),增加了系统开销。

上述四种分配算法各有特点。在搜索速度和回收过程方面,首次适应算法具有最佳性能;空间利用方面,首次适应算法比最佳适应算法好,最坏适应算法最差。最佳适应算法找到的空闲分区是最佳的,但内存利用率不一定最优;首次适应算法尽可能利用低地址空间,保证了高地址有较大空闲分区,以分配给较大的程序或作业;最坏适应算法总是分割大的空闲分区,这有利于中、小程序或作业,但不利于较大的程序或作业。在实际系统中,首次适应算法使用较广泛。

5. 可变分区的回收

作业运行结束后,系统需回收它所占用的内存空间,并将其登记在空闲分区表(链)中。系统在回收内存空间时,检查回收空间与现有的空闲分区是否相邻。若有相邻空闲分区,则需要按以下方式进行合并处理(如图 5-9 所示)。

(1) 上邻空闲分区:指该回收分区的前面相邻接的分区是一个空闲分区,如图 5-9(a)所示。此时,需将这两个相邻空闲分区合并成一个连续的空闲分区,即合并后的空闲分区起始地址为原空闲分区的起始地址,长度为原空闲分区的长度与该回收分区的长度之和,同时在已分配分区表中删除该回收分区信息。

(2) 下邻空闲分区:指该回收分区的后面相邻接的分区是一个空闲分区,如图 5-9(b)

---

① 内存碎片一般分为外碎片和内碎片。外碎片是指由于空闲空间太小,以至于无法分配给程序或作业的内存空闲区域,如动态分区分配中存在外碎片;内碎片是指已经被分配出去,却不能被充分利用的内存空间区域,如固定分区分配中存在的内碎片。

所示。此时,需将这两个相邻的空闲分区合并成一个连续的空闲分区,即合并后的空闲分区起始地址为该回收分区的起始地址,长度为原空闲分区的长度与该回收分区的长度之和,同时在已分配分区表中删除该回收分区信息。

(3) 上、下邻空闲分区:指该回收分区的前、后相邻接的分区均为空闲分区,如图5-9(c)所示。此时,要将这三个相邻的分区合并成一个空闲分区,即合并后的空闲分区起始地址为上邻空闲分区的起始地址,长度为这三个相邻分区的长度之和,同时修改相关数据结构的值。

(4) 上、下邻占用区:指该回收分区的前、后相邻接的分区都不是空闲分区,如图5-9(d)所示。此时,直接将该回收分区作为一个新的空闲分区插入到空闲分区表(链)中,同时从已分配区表中删除该回收分区信息。

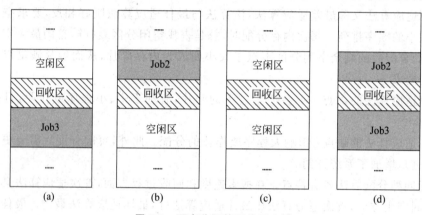

图 5-9　可变分区的回收示意图

6. 地址转换和存储保护

(1) 地址转换

由于可变分区存储管理中空闲分区、程序或作业的数量及大小等均不确定,所以可变分区存储管理采用动态重定位方式装入程序或作业。地址转换机构需要硬件的支持,包括基址寄存器、限长寄存器以及加法和比较电路,其中基址寄存器存放程序或作业所占内存分区的起始地址,限长寄存器存放程序或作业所占内存分区的末地址。

可变分区存储管理的地址转换过程如图5-10所示,具体步骤如下:

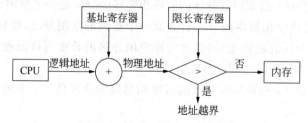

图 5-10　可变分区存储管理的地址转换

① 程序或作业装入内存时,将所占用的内存分区的起始地址(首地址)保存至基址寄

存器,所占内存分区的最大地址(末地址)保存至限长寄存器。

② CPU 执行每条指令时,获取指令的逻辑地址,并与基址寄存器相加,产生物理地址(此过程由硬件地址转换机构实现)。

③ 物理地址与限长寄存器的值相比较,判断物理地址是否超过分区大小。

④ 若超出分区大小,则产生地址越界中断事件,暂停程序执行,以实现存储保护。

⑤ 若未超出,则该物理地址为合法地址,访问该地址的存储单元中的数据或指令。

(2) 存储保护

可变分区存储管理的存储保护主要由基址寄存器和限长寄存器来实现,它们分别记录了当前程序或作业在内存中所占分区的首地址和末地址。当 CPU 执行该程序的指令时必须核查物理地址是否在首地址和末地址之间。若成立,则执行该指令,否则产生地址越界中断信号,停止执行该指令。

正在运行的程序或作业放弃 CPU 时,系统选择其他可运行的程序或作业,同时修改当前运行程序的分区号、基址寄存器、限长寄存器的内容,以保证 CPU 能控制程序或作业在所在的分区内正常运行。

5.3.3 可重定位分区存储管理

可变式分区存储管理中,随着程序或作业不断地装入内存、撤离,内存空间被分成许多分区,出现了越来越多的细小空闲块(即内存碎片),而连续分配方式又要求程序或作业必须装入到一片连续的内存空间中。如果系统中有若干个小的空闲分区,其总容量大于要装入的程序或作业,由于它们互不相邻,因此该程序或作业也就不能装入内存,这也造成了内存空间的浪费。

为了解决内存碎片问题,使分散的小空闲块得到充分利用,可将内存中的程序或作业进行移动,使它们相邻接。这样,原来分散的多个内存碎片便拼接成一个大的空闲分区,从而可以把程序或作业装入内存运行。这种通过移动,把多个分散的小空闲分区拼接成大空闲分区的方法被称为"紧凑"或"拼接"。

内存紧凑过程如图 5-11 所示,假设系统运行一段时间后,内存分配情况如图 5-11(a)所示,其中空闲分区共有 4 块,大小分别为 10KB、25KB、15KB 和 20KB。此时,若大小为 55KB

(a) 紧凑前　　　　　(b) 紧凑后

图 5-11 紧凑示意图

的程序 9 需要装入内存,系统检查空闲分区表(链),发现内存中这 4 块空闲分区都无法满足程序 9 的要求,于是,通过紧凑技术将内存中的用户程序拼接在一起,使得空闲内存集中为一个大小为 70KB 的空闲空间,并将程序 9 装入此空闲分区,如图 5-11(b)所示。

由于紧凑过程中用户程序或作业在内存中的位置发生了变化,所以系统需要动态重定位技术的支持。用户程序在装入内存时,程序中所引用的地址保留不变,仍然是逻辑地址。每当用户程序在内存中移动导致起始位置发生变化时,只需将用户程序在内存中新的起始地址和末地址分别保存到基址寄存器和限长寄存器即可。

可重定位分区分配算法与可变式分区分配算法基本相同,区别在于可重定位分区分配算法增加了紧凑功能。在具体的分区分配过程中,若内存中存在满足程序或作业所要求的空闲分区,则按照可变分区分配方式分配内存;反之,若内存中找不到满足程序或作业要求的空闲分区,但剩余空闲分区的大小总和超过作业的要求,则实施紧凑技术,拼接出空闲区域,再进行分配。

一般而言,拼接或紧凑主要在以下两种情况发生:

(1)每个分区回收时立即进行拼接,这样内存中总有一个连续的空闲区,但该方法会导致拼接频率过高,增加了系统开销。

(2)内存分配过程中,若找不到足够的空闲分区,则在空闲分区的总容量可以满足程序或作业的需求时再进行拼接。

可重定位分区存储管理虽然可通过紧凑技术实现内存碎片拼接,提高了内存的利用率,但是碎片拼接需要移动分区中的大量信息,这将花费大量的 CPU 时间。

5.4 覆盖与交换

单用户连续存储方式和分区存储方式对程序或作业的大小均有严格要求。程序要求运行时将一次性装入到内存,并驻留在内存直至运行结束。当程序的大小大于内存可用空间时,该程序便无法装入内存,也就无法运行。这限制了大程序开发、运行的可能性。覆盖与交换是解决大程序或作业与小内存之间矛盾的两种存储管理技术,它们实质上是从逻辑上对内存进行扩充。

5.4.1 覆盖技术

覆盖是指同一内存区域可以被不同的程序段重复使用。通常情况下,一道程序由若干个功能上相互独立的程序段组成,程序运行时,某个时刻只有其中一个程序段在执行,而不是所有的程序段同时在执行。依据这个特点,系统装入程序或作业时不需要将程序或作业中所有指令都装入内存,而只需装入部分指令即可。覆盖技术是指那些不会同时执行的程序段共享使用相同的内存区域。覆盖技术中可以相互覆盖的程序段称为覆盖,可以共享使用的内存区域称为覆盖区。

利用覆盖技术,程序执行时可将不要求同时装入内存的程序段,装入或分配到相同的覆盖区。即系统根据程序的覆盖结构,先将一部分程序段调入内存,当前面的程序段执行完成后,再调入后续的程序段并覆盖前面的程序段。

覆盖技术的基本原理如图 5-12 所示,其中程序的大小为 200KB,由 7 个程序段组成。该程序中 A 是独立段,先后调用 B 和 C,它们又分别调用 D、E 和 F、G。B 和 C 是相互独立的,D、E、F 和 G 也是相互独立的。因此,A 是常驻内存的程序段,而 B 和 C 组成一个覆盖段,D、E、E 和 G 也是一个覆盖段。系统分配内存时,只需按每个覆盖段的最大容量要求分配即可。这样,该程序所要求的内存空间是 A(10KB)＋C(30KB)＋G(50KB)＝90KB,即采用覆盖技术,该程序只需 90KB 的内存空间便可运行。

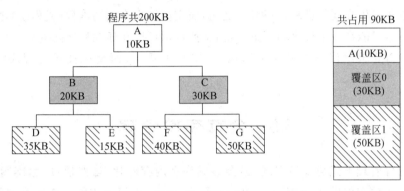

图 5-12　覆盖示意图

从用户的角度来看,覆盖技术使给用户的感觉是内存扩大了,从而达到了内存扩充的目的。覆盖技术的实现关键在于程序的覆盖结构。一道程序的覆盖结构要求编程人员在编写程序时事先指定,然而,事先为一个规模较大或较复杂的程序给出或指定其覆盖结构通常是不切实际的。

覆盖技术的主要特点是打破了必须将一道程序或作业的全部信息装入内存后才能运行的限制。这在一定程度上解决了小内存运行大作业的矛盾,然而程序的覆盖结构必须事先指定,这增加了编程的复杂度。

5.4.2　交换技术

多道程序环境下,一方面内存中某些进程由于某事件尚未发生而被阻塞,无法正常运行,却仍然占据着大量的内存空间;另一方面外存中有许多进程,因没有足够的内存空间而不能装入内存运行。这使得系统资源严重浪费,降低了系统吞吐量。为此,引入了交换(也称对换)技术。

交换是指将内存中暂时不能运行的进程或暂时不使用的程序或数据换出到外存,以腾出足够的内存空间,把已具备运行条件的进程或进程所需要的程序或数据换入到内存。交换技术不要求编程人员对程序进行特殊处理,它完全由操作系统控制,整个交换过程对进程而言是透明的。

交换有两种方式,即整体交换(进程交换)和部分交换(页面交换、分段交换)。

(1) **整体交换**:交换是以整个进程为单位进行的,广泛应用于分时系统,目的是解决内存紧张的问题。

（2）部分交换：交换是以"页"或"段"为单位进行的，它是实现请求分页（段）存储管理的基础，目的是为了支持虚拟存储系统。

交换技术利用外存在逻辑上扩充内存。它的主要特点是打破了一道程序一旦进入内存便一直运行到结束的限制。由于进程的交换需要花费大量的 CPU 时间，所以交换信息量过大或交换频率太高都会影响系统的效率。

交换技术与覆盖技术一样，都实现了大作业在小内存中运行，从逻辑上扩充了内存的容量。它们的不同之处如下：

（1）覆盖发生在同一进程（或程序）之内，而交换发生在不同进程（或程序）之间。

（2）覆盖只能在一个程序内部进行，而交换技术可以在任意程序间进行。

（3）覆盖要求给出程序的覆盖结构，对用户不透明；而交换技术对程序结构没有限制。

5.5　分页存储管理

连续存储管理方式简单易实现，但会形成许多内存碎片，虽然通过"紧凑"技术可将碎片拼接成大块存储空间，但需为之付出了很大开销。如果允许将一道程序或作业离散地分配到多个不相邻接的内存分区中，就无须再进行"紧凑"，基于这一思想产生了内存的离散分配方式。

根据分配时所用的基本单位，离散分配方式可分为页式存储管理、段式存储管理和段页式存储管理。

5.5.1　基本概念

1. 地址空间划分

系统将内存空间划分为若干个大小相等的区域，称为物理块或页框。内存的所有物理块从 0 开始编号，称为物理块号，如第 0 块、第 1 块等。每个物理块内部也从 0 开始编址，称为块内地址。

系统将用户程序或作业按照内存物理块的大小也划分成若干个区域，称为页面或页。各个页面也是从 0 开始依次编号，称为逻辑页号，如第 0 页、第 1 页等。每个页面内部也从 0 开始编址，称为页内地址。由于页内地址是指相对于本页起始地址的偏移量，所以也称为页内偏移地址。

物理块（页面）的大小是由机器的硬件地址结构决定的，即给定一台计算机，其物理（逻辑）地址结构是固定的。确定页面大小时，若页面太小，则一方面可以减小页内碎片，提高内存的利用率，但另一方面会使得进程要求更多的页面，从而导致页表（即用于保存页面的表格）过长，占用大量内存空间，此外，还会降低页面换入换出的效率。若页面太大，虽然可以减少页表的长度，提高页面置换速度，但会增加页内碎片。因此，页面的大小应选择适中。通常页面大小是 2 的整数次幂，且常在 1KB～8KB 之间。

2. 逻辑地址结构

用户程序中指令或数据的逻辑地址是分页系统自动划分的,由页号和页内地址两部分组成,如图 5-13 所示。如果系统中地址空间长度为 32 位,其中 0～11 位为页内偏移地址,12～31 位为页号,那么用户程序的逻辑地址空间最多可以为 2^{20} 个页面,页号编码从 $0～2^{20}-1$,其中每个页面的大小(即容量)为 $2^{12}=4\text{KB}$。

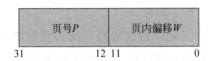

页号P	页内偏移W

31　　　　　　　12 11　　　　　　　0

图 5-13　分页存储管理的逻辑地址

页号、页内偏移地址和逻辑地址关系为:
$$逻辑地址=页号×页长+页内偏移地址$$
假设某个逻辑地址为 A,系统的页面大小为 L,则页号 P 和页内地址 D 为:
$$P=\text{INT}[A/L],D=[A]\ \text{MOD}\ L$$
其中 INT 和 MOD 分别为整除函数和取余函数。例如,逻辑地址 $A=5000\text{B}$,其页号和页内地址分别为 $P=1$ 和 $W=904$,即 $5000\text{B}=1×4096\text{B}+904\text{B}$,该逻辑地址也可表示为 $(1,904)$。

【例 5-1】　设页式存储管理系统向用户提供逻辑地址空间最大为 20 页,每页大小为 2KB,内存共有 10 个物理块,试问逻辑地址应为多少位? 内存空间有多大?

【解】　由于每页(物理块)的容量为 2KB,所以页内偏移地址部分需要 11 个二进制位;逻辑地址空间最大为 20 页,页号部分需要占据 5 个二进制位,故逻辑地址至少为 $11+5=16$ 位。由于内存共有 10 个物理块,每块大小为 2KB,故内存空间为 20KB。

3. 内存空间分配

分页存储管理系统将内存划分成若干个物理块,内存分配时以块为单位。由于物理块的大小是固定的,所以系统可采用一张内存分配表(链)或位示图来记录已经分配的物理块和未分配的物理块。位示图是指用二进制中的一个位来表示一个物理块的分配情况,其中 0 表示该物理块空闲,1 表示该物理块已分配,如图 5-14 所示。

	0																		31
0	0	1	0	0	1	1	0	1	0	0	1	0	0	1	1	…	1	1	0	0
	1	0	0	0	0	0	0	0	0	0	0	0	0	0	0	…	0	0	0	0
	0	1	1	1	0	1	0	0	1	1	0	1	1	0	0	…	0	0	1	1
	0	0	0	0	0	0	0	0	0	0	0	0	0	0	0	…	1	0	0	0
	:	:	:	:	:	:	:	:	:	:	:	:	:	:	:	:	:	:	:	:
	0	1	0	1	1	0	0	0	0	1	0	0	0	0	0	…	0	0	0	1
	0	0	0	0	0	1	0	0	1	0	0	1	0	1	1	…	1	0	0	0
15	1	0	0	0	0	1	0	0	0	0	0	0	0	0	1	…	0	0	0	0
16								剩余空闲块数											

图 5-14　位示图

由于页面和物理块的大小相同,因此系统分配内存空间时,先计算用户程序或作业需要的页面数量 N,然后查找内存空间的位示图,判断是否存在 N 个空闲物理块。若不能满足,则不进行分配;否则,从位示图中找出 N 个值为 0 的二进制位,将其值修改为 1,并找出对应的物理块号,分配给该程序或作业。由于物理块的编号是从 0 开始编排的,因此,物理块号与位示图中的字号(行号)和位号(列号)之间的换算关系如下:

$$物理块号=字号\times字长+位号$$

当某道程序执行结束时,系统应回收该程序所占用的物理块。对于每个物理块,计算其在内存位示图中相应的位置,将其值由 1 修改为 0,同时空闲物理块总数加 1。

5.5.2　页表

分页式存储管理中,系统允许用户程序或作业划分为若干个不同的页面,并将每个页面离散地存储在内存中的任一物理块中。为了保证程序或作业的正确运行,必须给出页面与物理块之间的一一对应关系。为此,系统需为每个用户程序或作业建立一张页面映射表,简称页表,以描述该程序的页面与物理块之间的对应关系。

系统配置了页表后,程序执行过程中可以通过查找页表方式,找到程序中每个页面具体存放在内存中的物理块号。用户程序与内存之间的映射关系如图 5-15 所示,其中该程序划分为 5 个页面,它们分别存放在内存的第 2、4、5、7、9 个物理块中。该用户程序的页表结构如图 5-16 所示,其中第一列是程序的页号,第二列是对应的物理块号。由此可见,页表的作用是实现从页号到物理块号的映射。

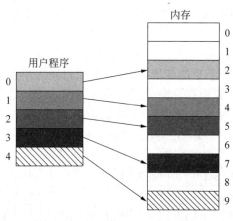

图 5-15　页面与物理块的映射关系　　　　图 5-16　页表

页面的划分完全是由系统硬件实施的,对于用户而言,分页存储管理与分区存储管理没有本质的不同。系统在装入用户程序或作业前,先按物理块的大小将该程序划分若干个页面,然后再逐个地装入到内存,并建立好相应的页表。如果程序的大小不是页面大小的整数倍,此时最后一个物理块没有完全填满,导致少量的内存空间浪费。整体而言,分页存储管理有效地提高了内存的利用率。

5.5.3　地址转换

为了能将用户地址空间中的逻辑地址转换为内存空间中的物理地址,系统必须设立地址转换机构,其基本任务是实现逻辑地址到物理地址的转换。由于页面与物理块的大小相同,所以页内(偏移)地址和物理块内(偏移)地址相同,无须进行转换。因此,地址转换机构的任务是将逻辑地址的页号转换为物理地址的物理块号。

给定某个逻辑地址,其对应的页号和页内(偏移)地址分别为该逻辑地址与页面大小的商和余数,然后根据页号查找该用户程序的页表,获取相应的物理块号,并计算最终的物理地址,即:

$$物理地址 = 块号 \times 块的大小 + 块内地址$$

其中,块内地址、块的大小分别与页内地址和页的大小相同。由于页表保存了页号与物理块号之间的映射关系,所以地址转换任务需借助页表来完成。

除了地址转换机构外,系统还设置了页表寄存器(PTR),用于存放页表在内存中的起始地址和页表长度。进程未执行时,其页表的起始地址和长度保存在该进程的 PCB 中;CPU 调入执行时,页表的起始地址和长度装入到页表寄存器,以实现地址转换。

分页存储管理的地址转换过程如图 5-17 所示,具体步骤如下:

(1) 地址转换机构自动将逻辑地址分为页号和页内地址。

(2) 将页号与(页表寄存器中的)页表长度相比较,若页号大于或等于页表长度,则产生"地址越界"中断。

(3) 将页号与页表起始地址相加,得到该页号在页表中的位置,从而获得该页对应的物理块号,并送入物理地址寄存器。

(4) 将逻辑地址的页内地址(即物理块内偏移地址)送入物理地址寄存器的块内地址。

(5) 经过硬件机制,将物理地址寄存器中的物理块号和块内地址,转换为物理地址。

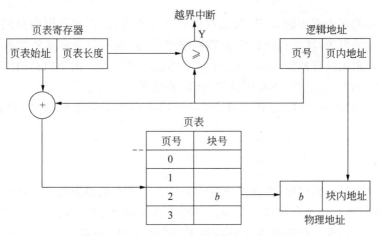

图 5-17　分页存储管理的地址转换

【**例 5-2**】　在一个分页存储管理系统中,页面的大小为 1KB。假设某进程可分为 0、

1、2,共 3 个页面,它们所对应的物理块号分别为 2、3、8。试将指令 move R2,[2780]中的逻辑地址 2780 转换为相应的物理地址。

【解】 具体的地址转换过程如图 5-18 所示。

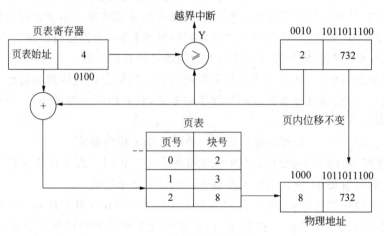

图 5-18 分页的地址转换

首先,系统硬件自动地将逻辑地址 2780 转换为第 2 页(页号)和 732(页内地址),即 2780=2×1024+732,然后,将页号 2 与页表寄存器中的页表长度 4 比较,发现页号小于页表长度,说明地址合法。根据页表寄存器中的页表始址,查找到页表在内存中的位置,指针由页表始址顺序向后移动页号个位置,根据页号查找到对应的物理块号,即第 2 页对应第 8 个物理块。将物理块号与页内地址保存到物理地址寄存器中,并计算得到物理地址为 8924,即 8×1024+732=8924,8924 的二进制数为 1000 1011011100,即将物理块号 1000 与页内地址 1011011100 相拼接的结果。

5.5.4 分页存储管理的改进

页表是存放在内存中的,CPU 每次存取数据或指令时,需要访问内存两次。第一次是访问内存中的页表,从中找出指定页的物理块号,此块号与页内地址拼接形成物理地址。第二次是根据物理地址,获取内存中对应的数据或指令。由于内存访问速度明显低于 CPU 速度,因此两次访问内存降低了 CPU 的效率。

为了进一步提高 CPU 运算速度,可采用快表和多级页表的方式,改进分页存储管理。

1. 快表

为了提高地址转换速度,系统可增设一个具有并行查询能力的专用高速缓冲寄存器(又称联想寄存器),用来存放部分页表。存放在高速缓冲寄存器中的页表称为快表,快表的结构与页表一致。设置快表主要是基于局部性原理,即程序在运行的过程中,一段时间内总是经常访问某些页面。因此,若将这些页面存放在访问速度快的快表中,则将大大加快地址转换的过程。

采用快表的地址转换过程如图 5-19 所示。硬件地址转换机构将逻辑地址划分为页号和页内地址后,将页号和页表长度相比较,若页号大于等于页表长度,则产生"地址越界"中断;否则,按页号查找快表。若快表中有该页号,则直接获取对应的物理块号;若没有该页号,则访问内存,到页表中查找相应的物理块号,随后更新快表,即将该页表项从页表中装入到快表,以便下次访问查找。最后,将物理块号和页内地址送入到物理地址寄存器中,以计算物理地址。

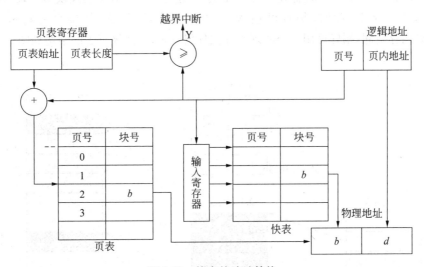

图 5-19 快表的地址转换

联想寄存器的存取速度比内存高,因而快表的查找速度快,但其成本高,因而容量比较小,通常只存放 16～512 个页表项。根据程序的局部性特征,快表中通常保存最近常用的页表项。据统计,当快表保存 12～16 个页表项时,直接查找到所需页表项的概率可达 93% 和 97%,效果比较理想。

2. 两级页表

现代计算机系统采用 32 或 64 位虚拟地址,支持 $2^{32} \sim 2^{64}$ B 容量的逻辑地址空间,采用页式存储管理方式,页表长度通常很大。例如,32 位逻辑地址空间中,若页面大小为 4KB(2^{12}),则页面数量可达 2^{20} 个。如果每个页表项占用 4 个字节,那么页表就需要 4 * 2^{20} = 4MB 的连续内存空间,这显然是很困难的。为了解决这个问题,可采用两级或多级页表机制。

两级页表是指将页表再次进行分页,使得每个存放页表项的页面与物理块具有相同大小,并依次进行编号,如第 0 页、第 1 页等,然后离散地将各个存放页表项的页面分别存放在不同的物理块中。此时,还需要为这些离散分配的页表再建立一张页表,称为外层页表,用来记录原页表的页面与内存物理块的对应关系。外层页表即为页表的页表,它与原来的页表一起构成了两级页表。

两级页表机制的逻辑地址结构分为外层页号、外层页号页内地址和页内地址这三部分。假设 32 位计算机系统中的页面大小为 4KB,最多允许有 2^{10} 个页表分页,那么外层页表占 10 位,外层页内地址占 10 位,具体逻辑地址结构如图 5-20 所示。

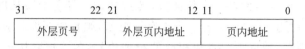

图 5-20　两级页表的逻辑地址结构

若采用图 5-19 所示的地址结构,且页表在结构上只保留对应物理块号字段,即每个页表项占用 4 个字节,此时,每页可包含 1024 个页表项,那么,外层页号将占用 $2^{10} \times$ 4B=4KB 内存空间,刚好可用一个物理块存储外层页表,其两级页表的结构如图 5-21 所示。

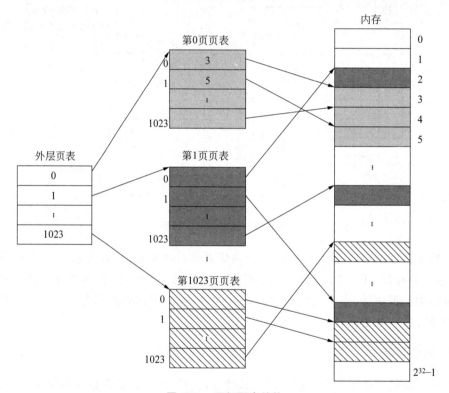

图 5-21　两级页表结构

第一次分页后,$2^{32} = 2^{20} \times 2^{12}$,页表共有 2^{20} 项,每页大小 2^{12},即 4KB。2^{20} 个页表项,每个页表项占 4 字节,所需页表空间为 2^{22}B。采用两级页表以后,对连续的页表空间再次分页,每页仍然按照 4KB 划分,那么连续的页表空间可以进一步划分为 2^{22}B=$2^{10} \times 2^{12}$B,即可以存放 2^{10} 个原页表项,每一页表页面大小为 4KB,正好可以在一块物理内存中存储。

两级页表机制中,为实现地址变换,需要设置一个外层页表寄存器,用于存放外层页表的起始地址。两级页表的地址变换如图 5-22 所示。过程如下:首先,将逻辑地址划分为三部分,然后利用外层页号作为外层页表的索引,查找外层页表,找到指定页表分页的首地址。随后,再利用外层页内地址作为指定分页的索引,查找页表,找到指定的页表项,获取该页对应的内存物理块号。最后,将该物理块号和页内地址相拼接,形成具体的物理地址。

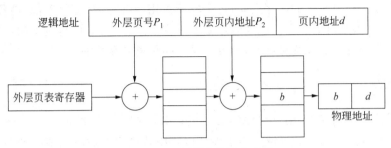

图 5-22　两级页表的地址变换

5.6　分段存储管理

分页存储管理虽然有效地解决了离散分配和内存碎片问题,但是页面的划分是由机器硬件实现的,没有考虑用户程序的逻辑结构,且不利于共享和保护。用户程序或作业通常由若干段组成,每段都有完整的逻辑意义,且具有不同的长度。因此,人们提出了分段的离散存储分配方式。

5.6.1　基本概念

1. 地址空间划分

系统将内存空间动态地划分为若干个长度不相同的区域,称为物理段。每个物理段在内存中的起始地址,称为段始址。每个物理段内从"0"开始依次编址,称为段内地址。

系统根据程序的自身逻辑结构,将其逻辑地址空间划分为若干部分,每部分逻辑上均有完整意义,称为逻辑段(简称段),如主程序段、子程序段、数据段等。每个段的长度由相应的逻辑信息的长度决定,因而各段的长度不相同。

2. 逻辑地址结构

用户程序作业按照程序的逻辑关系,被划分为若干个具有完整逻辑意义的段,对每个段从"0"开始编号,称为段号。每段的内部从"0"开始依次编址,称为段内(偏移)地址。

31	16 15	0
段号		段内地址

图 5-23　分段存储管理
的逻辑地址

分段存储管理中,用户程序或作业的地址空间由两部分组成:段号和段内(偏移)地址,其地址结构如图 5-23 所示。

如果系统中地址空间长度为 32 位,其中 0~15 位为段内偏移地址,16~31 位为段号,那么用户程序的逻辑地址空间最多可以包括 2^{16} 个段,段号编码从 0~$2^{16}-1$,且每段的大小(即容量)为 $2^{16}=64$KB。

3. 内存空间分配

分段存储管理系统是以段为单位进行内存分配。具体地,用户程序或作业分段后,系统将每段分配一块连续的内存空间,每个段所占用内存空间(即物理段)与段的大小相同。分配过程中,逻辑上连续的段在内存中不一定连续存放,即段与段之间可以不相邻,从而实现了段的内部是连续存放的,但段与段之间是离散存放的。

5.6.2　段表

分段存储管理系统中,用户程序的每一段被分配在一个连续的存储空间,段与段之间离散地分配在内存的不同区域。为了能从内存中找到每个逻辑段所存储的位置,系统为每个程序建立一张映射表,简称段表,以描述该程序中的逻辑段与内存的物理段之间的对应关系。每个段在段表中占有一个表项,记录该段在内存中的起始地址、段的长度和段号。

段表一般情况下存放在内存中。系统配置段表后,为每道程序建立一张段表,记录程序中各段在内存中的情况。程序执行过程中可以通过查找段表方式,找到程序中每个段具体存放在内存中存储位置。用户程序与内存之间的映射关系如图 5-24 所示,其中该程序包括 Main、Sub1 和 Sub2 这三个逻辑段,它们编号分别为 0、1 和 2,存放在起始地址为 100KB、130KB 和 145KB 的内存中。由此可见,段表实现了从逻辑段到物理段的映射。

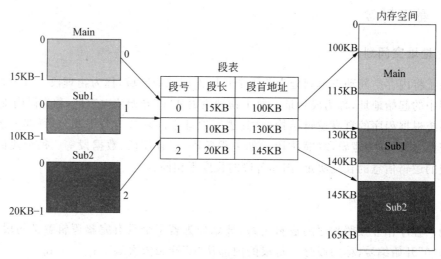

图 5-24　逻辑段与物理段的映射关系

5.6.3　地址转换

分段存储管理方式中,系统根据段表进行地址转换。为了提高地址转换速度,可将段表存放在寄存器中,称为段表寄存器。段表寄存器用来存放段表的起始地址和段表长度,从而实现程序逻辑地址到物理地址的转换。

分段存储管理的地址转换过程如图 5-25 所示,具体步骤如下:

(1)地址转换时,将逻辑地址中的段号与(段表寄存器中的)段表长度相比较,若段号大于或等于段表长度,则产生"地址越界"中断。

(2) 通过段表寄存器中的段表始址,获取段表,根据段号查找段表,获得该段的段长。

(3) 将段内地址和段长相比较,判断段内地址是否超过段长,若超过,则产生"地址越界"中断。

(4) 根据段号查找段表,获取该段的物理段起始地址,即内存中的存放位置,将物理段起始地址与段内地址拼接,形成相应的物理地址。

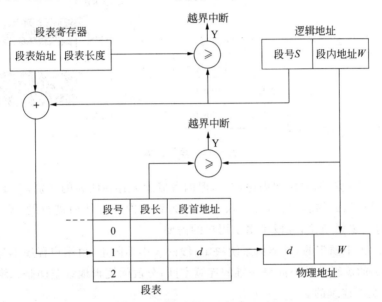

图 5-25　分段存储管理的地址转换

5.6.4　段的保护和共享

分段存储管理中,存储保护是在地址变换的过程中实现的,它主要包括越界保护和越权保护。越界保护主要体现在两方面,即段号是否大于或等于段表的长度和段内地址是否大于或等于段的长度,只要其中一个成立,系统就会产生越界中断,阻止程序的执行。越权保护是指不允许程序访问不该访问的指令或数据,以保障存取权限的正确性。具体地,系统每个段为不同程序或进程设置了可读、可写、可执行三种权限,若访问时不具备相应权限,则系统阻止其访问相应的段。

由于程序的逻辑段是按逻辑意义划分的,且可以通过段名进行访问,因此,可方便实现多个进程共享访问相同的逻辑段。段的共享可通过访问段表中的相同项来实现,即进程只需在各自的段表中新增共享段的内存起始地址和段长即可实现段的共享。如图 5-26 所示,给出了两个进程共享 editor 段的情况。

5.6.5　分页和分段的区别

分页和分段是实现离散分配的存储方式,它们都需要地址转换机制实现地址变换,

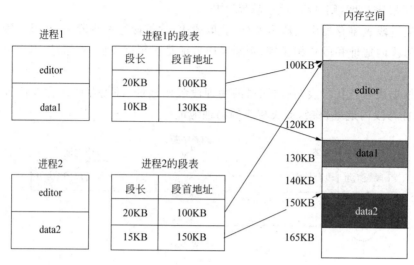

图 5-26   段的共享

且访问指令（或数据）需要两次内存访问，但两者概念上存在明显的区别，主要表现如下：

（1）页是信息的物理单位，分页仅是系统为管理内存方便而进行的，不是用户的需要；段是信息的逻辑单位，分段是出于用户的需要。

（2）页的大小固定的，具体由系统决定；段的大小不固定，由用户程序本身决定。

（3）分页的逻辑地址空间是一维的连续空间；分段的逻辑地址空间是二维的，段之间的逻辑地址是不连续的。

5.7   段页式存储管理

分页存储管理和分段存储管理"各有所长"，如分页存储管理方式很好地解决了碎片问题，提高了内存的利用率，但未考虑用户需求，且不利于共享和保护；而分段存储管理方式方便了用户使用，有利于段的动态增长及共享和保护，但可能会产生内存碎片。段页式存储管理是将两者的优点相结合形成的一种新的存储管理方式。

5.7.1   基本概念

1. 地址空间划分

段页式存储管理是分段与分页存储管理的结合。与分段存储管理类似，系统先将用户程序按逻辑地址空间划分为若干段，为每个段赋予一个段名，所有的段从"0"开始进行编号，每个段内部从"0"开始依次编址。随后，系统将每段划分成若干个大小相同的页面，不足一个页面的也占用一个页面，并对该段中的每个页面从"0"开始进行编号。

系统将内存的物理存储空间划分为若干个与页面大小相同的物理块，所有物理块从"0"开始进行编号，每个物理块内部从"0"开始依次编址。

2. 逻辑地址结构

段页式存储管理中,程序或作业的逻辑地址由段号和段内地址组成。机器硬件将段内地址进一步划分为页号和页内地址,其中即高位表示为页号,低位表示为页内地址。段页式存储管理中,逻辑地址具体结构如图 5-27 所示。

图 5-27　段页式存储管理的逻辑地址

3. 内存空间分配

系统通过位示图、段表和页表记录内存的使用情况和程序或作业的分配情况。系统是以页为单位进行内存分配。具体地,用户程序或作业分段后,再通过硬件机构将各段分成若干个页面,然后,将每段的不同页面装入到内存中任意一个空闲的物理块,从而实现了离散存放。

5.7.2　段表和页表

由于用户程序或作业可划分成若干个独立的段,而每个段又可进一步划分为若干个页面,所以系统需要设置一个段表,描述各个段的情况。对于每个段,还需要设置一个页表,描述每个段内部各个页面的情况。因此,段页式存储管理中,段表包含段号、页表长度、页表起始地址,其中页表长度表示该段所包含页面的数量,页表起始地址表示该段所对应的页表在内存中存放的位置。

段页式存储管理中用户程序与内存之间的映射关系如图 5-28 所示,其中该程序包括三个逻辑段,它们又各自包含 3、2 和 3 个页面,离散地存放在内存中。

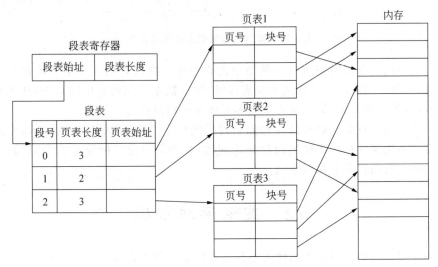

图 5-28　段页式存储的基本原理

5.7.3　地址变换

段页式存储管理方式中,系统根据段表、页表进行地址转换,其中段表存放于段表寄存器中。段页式存储管理的地址转换过程如图 5-29 所示,具体步骤如下:

(1) 地址转换时,将逻辑地址中的段号与(段表寄存器中的)段表长度相比较,若段号大于段表长度,则产生"地址越界"中断。

(2) 通过段表寄存器中的段表始址,获取段表;根据段号查找段表,获得该段所对应的页表。

(3) 硬件机构将段内地址划分为页号和页内地址,将页号和页表长度相比较。若页号大于或等于页表长度,则产生"地址越界"中断。

(4) 根据页表起始地址,获取相应的页表;并利用页号查找该页表,找到该页号对应的物理块号。

(5) 将物理块号与页内地址(页内地址和块内地址相同)拼接,形成相应的物理地址。

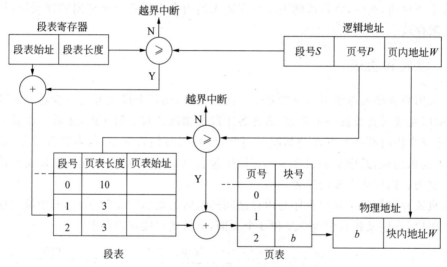

图 5-29　段页式存储管理的地址转换

段页式存储管理访问或执行一条指令需要经历三次内存访问。第一次是访问内存中的段表,获取对应段的页表始址和页表长度;第二次是访问内存中的页表,获得相应的物理块号,计算物理地址;第三次是按照物理地址访问内存。

段页式存储管理方式既有段式存储管理系统便于共享、易于保护的优点,又能像页式存储管理系统那样很好地解决内存碎片问题,并为每个段离散分配内存;其缺点是段表和页表需要占用较多的存储空间。

5.8　虚拟存储管理

前面介绍的存储管理技术的特点是程序或作业必须全部装入内存方能运行,这就要求内存要有足够的存储空间。然而,实际上经常遇到以下情况:

（1）虽然程序全部装入内存，但执行时并非同时使用全部信息，部分程序运行一次后不再执行，甚至有部分程序在运行过程中都不会被使用。

（2）程序或作业较大，所要求的存储空间超过内存容量，导致无法运行。

（3）大量的程序或作业要求运行，但内存容量不足以容纳所有程序或作业，只能装入少数程序运行，其他程序留在外存上等待。

解决以上问题有两种方法：其一是从物理上增加内存容量，但这样增加了系统成本，且会受到机器本身的限制，因此这种方法受到一定的限制；另一种方法是从逻辑上扩充内存容量，这就是虚拟存储技术所要解决的问题。

5.8.1 基本原理

1. 局部性原理

程序执行的局部性原理是指程序的执行呈现局部性规律，即在较短的时间内，程序的执行仅局限于某个部分，相应地，它所访问的存储空间也仅局限于某个区域。局部性具体表现在时间和空间两方面：

（1）时间的局部性。如果程序中的某条指令或数据被访问后，那么它可能很快会再次被访问。产生时间局部性的典型原因是程序中存在循环操作。

（2）空间的局部性。如果某个存储单元被访问，那么其附近的存储单元很快也会被访问。其典型情况是程序的顺序执行。

程序的局部性原理说明程序的一次性和驻留性是不必要的，因为在较短的时间间隔内，系统执行程序的一部分，而不是全部。因此，程序运行之前，只需装入一部分即可，其他部分以后可根据需要再装入。

2. 虚拟存储器

虚拟存储技术是指根据程序运行的局部性规律，将程序中当前正在使用的部分装入内存，而其余部分暂时存放在外存。程序执行过程中，若要访问的数据或指令不在内存，则由系统自动地将其调入内存，并继续执行。若内存中没有足够的空闲空间，系统将内存中暂时不用的信息从内存换至外存，腾出空间给需要的程序或数据。虚拟存储器是指利用虚拟存储技术实现请求调入功能和置换功能，从逻辑上对内存容量进行扩充的一种存储器。效果上，用户好像使用了一个存储容量比实际内存大得多的存储器。实际上，用户所看到的大容量只是一种感觉，是虚的，故称为虚拟存储器。

虚拟存储器的容量也不是无限的，它的最大容量一方面受限于系统中的地址长度，另一方面还受限于外存容量。虚拟存储器的运行速度接近于内存速度，而成本却接近于外存。因此，虚拟存储器广泛应用于各类计算机。

3. 虚拟存储器的特征

虚拟存储器具有以下四种特征：

（1）离散性：指内存分配时采用离散分配方式，这是虚拟存储器的基础。没有离散性,就不能实现虚拟存储器,因为如果不采用离散分配方式,那么程序装入内存时需一次性全部装入内存的连续空间。这一方面会导致一部内存空间暂时或"永久"空闲;另一方面不可能装入超过内存容量的大程序,也就无法实现虚拟存储器。

(2) 多次性:指一道程序或作业被多次调入内存运行,即程序运行时无须将其全部装入,只需装入部分程序和数据即可运行,以后运行时需要哪一部分时再将其装入内存。多次性是虚拟存储器最重要的特征,其他存储管理方式都不具备这一特征。

(3) 对换性:指允许在程序或作业运行过程中进行换进、换出,即程序运行期间,允许将那些暂时不运行的程序和数据,从内存调至外存的对换区,待以后需要时再将它们从外存调入内存;允许暂不运行的程序或作业调出内存,待以后具备运行条件时再调入内存。换进和换出能有效地提高内存的利用率。

(4) 虚拟性:指能够从逻辑上扩充内存的容量,使用户看到的内存容量远大于实际内存容量。这使得较大的程序可在容量较小的内存中运行,提高了内存的利用率和系统的吞吐量。虚拟性是虚拟存储器最重要的特征,也是实现虚拟存储器的目标。

4. 虚拟存储器的实现

虚拟存储器的实现需要系统具备三个条件:
(1) 外存的容量较大,足以存放多道用户程序;
(2) 内存的容量不能太小,足以保存正在运行程序的部分信息;
(3) 具备地址转换机构,以动态实现逻辑地址到物理地址的转换。
常用的虚拟存储器实现方案主要有以下三种:
(1) 请求分页管理方式。请求分页管理方式是在分页存储管理的基础上,增加了请求调页功能、页面置换功能所形成的存储管理系统。该方式允许将程序或作业的部分页面装入内存即可启动运行,后续通过调页功能和页面置换功能,将需要运行的页面调入内存或将暂时不需要的页面换至外存。置换是以页面为基本单位。请求分页管理方式需要页表、缺页中断机构和地址变换机构等硬件支持。

(2) 请求分段管理方式。请求分段管理方式是在分段存储管理基础上,增加了请求调段功能、分段置换功能所形成的存储管理系统。该方式允许将程序或作业的部分段装入内存即可启动运行,后续通过调段功能和分段置换功能,将需要运行的段调入内存或将暂时不需要的段换至外存。置换是以段为基本单位。请求分段管理方式需要段表、缺段中断机构和地址变换机构等硬件支持。

(3) 请求段页式管理方式。请求段页式管理方式是在段页式存储管理基础上,增加了请求调页、页面置换功能所形成的存储管理系统,其中置换是以页面为基本单位。

5.8.2　请求分页存储管理

1. 基本思想

请求分页存储管理的基本思想与分页存储管理类似,它是在分页系统的基础上,增加了请求调页功能、页面置换功能而形成的。系统先将程序或作业划分为若干个页面,然后装入内存时,只需装若干个必需的页面就可启动运行,之后再根据程序运行的需要,动态地装入其他页面。装入新的页面时,若内存空间已满,则需要根据某种策略,淘汰某个或某些页面,以便腾出空间,装入新的页面。

2. 请求页表

请求分页存储管理方式与分页存储管理方式基本相似,但由于用户程序分多次装入内存,且运行过程中可能会被换入、换出内存多次,所以请求分页存储管理的实现需要硬件支持,包括页表、缺页中断和地址变换机制。请求分页存储方式允许只将程序的一部分调入内存,还有一部分仍然放在外存上,故需要在页表中增加若干项,供程序或数据在换入、换出时参考。请求分页存储管理方式中的页表结构如图 5-30 所示。其中各字段含义如下:

页号	物理块号	访问位	状态位	修改位	外存地址

图 5-30　请求页表结构

(1) 页号和物理块号:含义与分页存储管理相同,它们是地址变换所必需的。

(2) 访问位:用于记录该页面在一段时间内被访问的次数,或最近已有多长时间未被访问,供页面置换算法在换出页面时参考。

(3) 状态位(存在位):用于记录该页面是否已调入内存,供程序访问时参考。其值为"1"表示该页已经在内存中;"0"表示该页不在内存中。

(4) 修改位:用于记录该页面在调入内存后是否被修改过。若未被修改,则置换时无须写回外存,以减少系统开销和磁盘启动次数;若已被修改,则置换时需将该页重写至外存,以保留最新的副本。

(5) 外存地址:用于记录该页面存放在外存中的地址,供调入该页面时使用。

3. 缺页中断机构

请求分页存储管理中,每当所要访问的页面不在内存时,便产生缺页中断,请求系统将所缺的页面调入内存。缺页中断是一种特殊的中断,它同样也需要经历诸如保护 CPU 现场环境,分析中断原因,转入缺页处理,恢复 CPU 现场环境等步骤。

假设程序执行时访问某个页面(如第 i 页),缺页中断的处理过程如图 5-31 所示,具体步骤如下:

(1) 根据页号,查找页表的第 i 项,若状态位为"0",说明第 i 页不在内存。

(2) 查找内存是否有空闲块,若内存已满,则需利用页面置换算法,将某页淘汰(页面淘汰时,需判断是否已修改;若修改,还需将其内容写入到外存),腾出内存空间,以装入第 i 页。

(3) 根据页表中第 i 项存放地址 k,访问外存的第 k 块。

(4) 启动磁盘,将第 k 个物理块(即第 i 页)调入内存中第 m 个物理块。

(5) 修改页表中相应信息,如在该页对应的记录上填入块号 m,并将状态位置为"1"。

（6）重新执行访问第 i 页的指令。

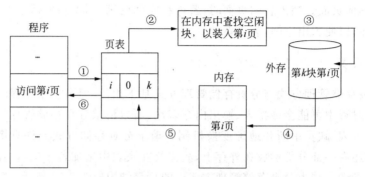

图 5-31　缺页中断的处理过程

缺页中断与一般的中断相比，有着明显的区别，具体表现如下：

（1）产生中断的时间不一样。缺页中断是在指令执行过程中产生的中断请求；而一般中断则是执行完一条指令后，检查是否有中断请求，若有便响应，否则继续执行下一条指令。

（2）产生中断的次数不一样。缺页中断在一条指令执行期间可以产生多次中断；而一般中断则是执行一条指令后，只产生一次中断。

4．地址转换

请求页面存储管理中的地址转换机构是在分页存储管理的地址转换机构的基础上，增加了产生和处理缺页中断，以及从内存中换出页面等功能。其具体的地址转换过程如下：当用户程序要求访问某页面时，判断该页面是否已装入内存，若该页已调入内存，则其地址转换过程与分页存储管理相同；否则，产生缺页中断，系统进入缺页中断处理过程，将所需的页面调入内存，随后，再按分页存储管理的地址转换过程进行地址转换。

5．页面置换算法

页面置换是指当内存空间已装满而又要装入新的页面时，需将内存中的某个或某些页面置换到外存，以腾出空间给新的页面。页面置换过程中，选取哪个页面予以淘汰时需考虑多方面的因素，如尽量淘汰那些以后不常用的页面，或是淘汰那些只读的页面等，使得系统开销和置换频率尽量降低，不出现"抖动"或"颠簸"现象。

抖动（又称颠簸）是指刚被淘汰的页面又立即需要访问，因而又要将其调入内存，调入后不久再被淘汰，淘汰后不久又被调入，如此反复，使得整个系统的页面调度非常频繁，以至于大部分时间都花费在页面的来回调度上。产生抖动的根本原因是系统中同时运行的程序太多，导致分配给每个程序的物理块太少，不能满足程序正常运行的基本要求，使得程序运行时频繁地出现缺页。页面置换过程中，应尽量避免出现抖动现象。

页面调度算法是指采用某种策略，确定将哪个或哪些页面从内存中淘汰出去。置换算法的优劣可通过缺页次数或是缺页率来衡量，其中缺页率是指程序运行过程中，发生的缺页次数与页面访问总数的比值。下面介绍常用的页面置换算法。

（1）先进先出置换算法（First-In First-Out，FIFO）

先进先出置换算法是淘汰最早调入内存的那个页面，主要原因是最早调入内存的页面，其不再使用的可能性比最近调入的页面要大。这种置换算法的优点是实现简单，如只要将所有页面按调入内存的先后顺序排成一个队列，每次淘汰队首的那个页面即可，但其不足之处是它所依据的理由并非普遍成立。那些在内存中驻留很久的页面，通常也被经常访问，如常用子程序、内循环等，若它们被淘汰调出，则很可能又需要立即调回内存，从而产生抖动现象。

【例 5-3】　某请求分页存储管理系统中，一道程序的页面访问次序分别为 7、0、1、2、0、3、0、4、2、3、0、3、2、1、2、0、1。假设分配给该程序 3 个和 4 个物理块，且初始时均为空，采用先进先出页面置换算法，试分别求缺页中断次数和缺页率。

【解】　①分配给该程序的物理块数为 3 时，页面置换情况如表 5-4 所示。

表 5-4　先进先出置换算法（块数为 3）

访问顺序	7	0	1	2	0	3	0	4	2	3	0	3	2	1	2	0	1
	7	7	7	2	2	2	2	4	4	4	0	0	0	0	0	0	0
		0	0	0	0	3	3	3	2	2	2	2	2	1	1	1	1
			1	1	1	1	0	0	0	3	3	3	3	3	2	2	2
缺页	√	√	√	√		√	√	√	√	√	√			√	√		

缺页中断次数为 12，缺页率为 12/17＝70.6%。

②分配给该程序的物理块数为 4 时，页面置换情况如表 5-5 所示。

表 5-5　先进先出置换算法（块数为 4）

访问顺序	7	0	1	2	0	3	0	4	2	3	0	3	2	1	2	0	1
	7	7	7	7	7	3	3	3	3	3	3	3	3	2	2	2	2
		0	0	0	0	0	0	4	4	4	4	4	4	4	4	4	4
			1	1	1	1	1	1	1	0	0	0	0	0	0	0	0
				2	2	2	2	2	2	2	2	2	1	1	1	1	1
缺页	√	√	√	√		√		√			√			√	√		

缺页中断次数为 9，缺页率为 9/17＝52.9%。

直观上，系统分配给程序的物理块数越多，程序执行时发生缺页的中断次数应该越少，然而实际情况并非如此。在某些情况下，当分配的物理块增数多时，反而导致更多的缺页中断次数，这种现象称为 Belady 现象。例如，假设程序的页面访问顺序为 1、2、3、4、1、2、5、1、2、3、4、5。当分配的物理块数为 3 时，产生的缺页率为 9/12＝75%；当分配的物理块数为 4 时，产生的缺页率为 10/12＝83.3%。

（2）最佳置换算法（Optimal，OPT）

最佳置换算法是指从内存中淘汰以后再也不需要访问的页面，或者淘汰在最长时间内不再被访问的页面。该算法可以保证获得最低的缺页率,但是现实情况中无法预知哪个页面未来最长时间内不再被访问,因而这种算法是一种理想化的算法,无法实现,只能作为其他置换算法的衡量标准。

【例 5-4】　续例 5-3,假设分配给该程序 3 个物理块,且初始时均为空,采用最佳置换算法,试求缺页中断次数和缺页率。

【解】　页面置换情况如表 5-6 所示。

表 5-6　最佳置换算法(块数为 3)

访问顺序	7	0	1	2	0	3	0	4	2	3	0	3	2	1	2	0	1
	7	7	7	2	2	2	2	2	2	2	2	2	2	2	2	2	2
		0	0	0	0	0	0	4	4	4	0	0	0	0	0	0	0
			1	1	1	3	3	3	3	3	3	3	3	1	1	1	1
缺页	√	√	√	√		√		√			√			√			

缺页中断次数为 8,缺页率为 8/17=47.1%。

(3) 最近最久未使用置换算法(Least Recently Used,LRU)

最近最久未使用置换算法是选择在最近一段时间内最久没有使用过的页面予以淘汰。该算法的淘汰依据是程序局部性原理,即若某个页面被访问,则它可能马上还要被访问;反之,若该页面很长时间未被访问,则它在最近一段时间内也不会被访问。

最近最久未使用置换算法是一种比较好的置换算法,某些情况下性能接近最佳置换算法,但是它的实现需要较多的硬件支持,导致成本较高。现实情况中,通常使用寄存器或栈来实现最近最久未使用算法。

① 寄存器:这种方式中,每个页面使用一个寄存器表示其状态,系统每隔一段时间,将寄存器的值右移一位。若某个页面刚被访问,则其最高位置为 1。系统选择页面淘汰时,总选择值最小的页面换出。

② 栈:这种方式使用栈顶来保存最近访问的页面,而栈底表示最长时间未访问的页面。因此,选择页面淘汰时,总是选择栈底的页面换出。

【例 5-5】　续例 5-3,假设分配给该程序 3 个物理块,且初始时均为空,采用最近最久未使用置换算法,试求缺页中断次数和缺页率。

【解】　页面置换情况如表 5-7 所示。

表 5-7　最近最久未使用置换算法(块数为 3)

访问顺序	7	0	1	2	0	3	0	4	2	3	0	3	2	1	2	0	1
	7	7	7	2	2	2	2	4	4	4	0	0	0	1	1	1	1
		0	0	0	0	0	0	0	0	3	3	3	3	3	3	0	0
			1	1	1	3	3	3	2	2	2	2	2	2	2	2	2
缺页	√	√	√	√		√		√	√	√	√			√		√	

缺页中断次数为 11,缺页率为 $11/17=64.7\%$。

（4）时钟置换算法（CLOCK）

时钟置换算法是从最近一段时期内未被访问的页面中任意选择一个页面予以淘汰,故而也称最近未使用算法。该算法在具体实现过程中,对每个页面增设一个访问位,然后将内存中所有页面通过指针方式,链接成一个循环队列。当某个页面被访问时,其所对应的访问位改为"1",而没有被访问的页面,其所对应的访问位为"0"。选择页面淘汰时,总是从那些访问位为"0"的页面中选择一个页面予以淘汰。与最近最久未使用算法相比,该算法易实现,无须昂贵的硬件支持,但其缺点是选择淘汰的页面随机性较强,且未考虑页面内容是否已修改,从而导致系统开销较高。

5.8.3 请求分段存储管理

1. 基本思想

请求分段存储管理的基本思想与分段存储管理类似,它是在分段系统的基础上,通过增加请求调段功能、段的置换功能而形成的。请求分段存储管理与请求分页存储管理工作原理相似,不同之处在于请求分段存储管理是以分段为单位进行换入、换出的。请求分段系统中,程序运行前,只需先调入少数几个段便可启动运行。之后根据程序运行的需要,再动态地装入其他段。装入新的段时,若内存空间已满,则需要根据某种策略,淘汰某个或某些段,以腾出空间,装入新的段。

2. 请求段表

与请求分页存储管理相似,系统应配置相应的硬件机构,如段表机制、缺段中断和地址变换机构,以支持请求分段功能。由于程序运行过程中部分段未调入内存,因此,段表应增加若干项,以供程序在缺段中断时使用。请求分段存储管理的段表结构如图 5-32 所示,其中各字段含义如下:

段号	段始址	段长度	状态位	存取方式	访问位	修改位	增补位	外存地址

图 5-32 请求段表结构

（1）段号、段始址和段长度:含义与分段存储管理相同,它们是地址变换所必需的。

（2）状态位:用于说明该段是否在内存中。系统根据该位判断要访问的段是否在内存,若不在内存,则产生缺段中断。

（3）存取方式:用于标识该段的存取属性是执行、只读,还是允许读/写。

（4）访问位:含义与请求分页的相应字段相同,用于记录该段一段时间内被访问的次数,提供给置换算法选出段时参考。

（5）修改位:用于说明该段在调入内存后是否被修改过,供段被置换时参考。

（6）增补位:用于说明该段在运行过程中是否有动态增长。

（7）外存地址:用于指出该段在外存中的起始地址,供调入该段时使用。

3. 缺段中断机构

请求分段系统中采用的是请求调段策略。程序运行时,每当发现所要访问的段尚未调入内存,便由缺段中断机构产生一个缺段中断信号,然后操作系统的缺段中断处理程序将所需的段调入内存。由于段的长度不是定长的,因而缺段中断的处理比缺页中断的处理复杂。

假设程序执行过程第 i 段不在内存,则缺段中断的处理过程如图 5-33 所示,具体步骤如下:

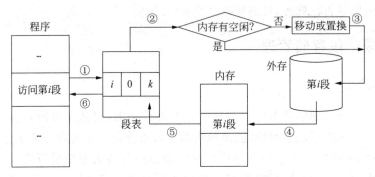

图 5-33   缺段中断的处理过程

(1) 根据段号,查找段表的第 i 项,若状态位为"1",说明第 i 页在内存,则按分段存储管理给出的方法进行地址转换,得到绝对地址;若状态位为"0",则说明第 i 页不在内存,则发出一个缺段中断。

(2) 查找内存是否有合适的空闲区。若没有合适的空闲区,则进一步判断内存中的空闲容量是否超过段的长度;若超过,则采取紧凑技术,移动现有的段,腾出足够的空间,否则利用置换算法,将某个或几个段予以淘汰(淘汰时,需判断是否已修改,若已修改,还需将其内容写入到外存),以便腾出内存空间。

(3) 根据段表的存放地址,访问外存的第 k 块。

(4) 启动外存,将所需访问的段调入内存。

(5) 修改段表中相应信息,如段号、状态位等。

(6) 重新执行访问第 i 段。

4. 地址变换

请求分段系统中的地址变换机构是在分段系统地址变换机构的基础上,通过增加产生和处理缺页中断,以及段的置换算法等功能形成的。其具体的地址转换过程如下:当用户程序要求访问某段进行地址变换时,判断该段是否已装入内存。若该段已调入内存,则其地址转换过程与分段存储管理相同;否则,产生缺段中断,系统进入缺段中断处理过程,将所需的段调入内存,随后,再按分段存储管理的地址转换过程进行地址转换。

习　　题

1. 解决大作业和小主存的矛盾有哪些途径？简述其实现思想。

2. 动态地址重定位的特点是什么？

3. 分区存储管理有哪两类？它们各自有什么特点？

4. 常用的分区存储分配算法有哪些？试比较它们的优缺点。

5. 分区式管理时，使用的有关数据结构主要有哪些？常用哪几种方法寻找和释放空闲区？这些方法各有何优缺点？

6. 采用可变分区方式管理主存时，引入移动技术有什么优点？在采用移动技术时应注意哪些问题？

7. 分区存储管理有哪些优缺点？

8. 试述操作系统中两种用时间换取空间的技术。

9. 什么是覆盖？什么是交换？它们的区别是什么？

10. 考虑一个请求分页系统，测得如下时间利用率：

CPU：20%，磁盘：97.7%，其他外设：5%。

请问下列措施中哪个(些)可改善 CPU 的利用率？请说明理由。

(1) 更换速度更快的 CPU；(2) 更换更大容量的磁盘；(3) 增加内存中的用户进程数；(4) 挂起内存中某个(些)用户进程；(5) 采用更快的 I/O 设备。

11. 简述分页存储管理的基本思想及其优缺点。

12. 简述分段存储管理的基本思想及其优缺点。

13. 分页存储管理与分段存储管理的主要区别是什么？

14. 分页存储管理有效地解决了什么问题？试叙述其实现原理。

15. 分页存储管理中，页表的功能是什么？当系统中的地址空间变得非常大时，会给页表的设计带来哪些新问题？

16. 段页式存储管理的基本思想是什么？

17. 简述请求分页存储管理的实现原理。

18. 简述请求分段存储管理的实现原理。

19. 什么是页式存储管理的碎片？如何减少碎片的产生？

20. 内存管理中的"内零头"(内碎片)和"外零头"(外碎片)，各指的是什么？在固定式分区分配、可变式分区、分页存储系统、分段存储系统、请求页式存储系统中，分别会存在何种零头？为什么？

21. 请说明请求页式存储管理的地址变换过程中，进程状态有无可能发生变化？如有可能，请指出在哪些点上可能发生变化。在此期间，进程能否被调出主存，请说明理由。

22. 什么是抖动现象？产生抖动的原因是什么？如何消除？

23. 请求分页存储管理有哪些常用的淘汰算法？试比较它们的优缺点。

24. LRU 算法的基本思想是什么？有什么特点？给出该算法的流程图。

25. 一个 32 位地址的计算机系统使用二级页表,虚地址被分为 10 位一级页表,12 位二级页表和偏移,试问页表长度是多少? 虚地址空间共有多少个页面?

26. 设有一个分页存储管理系统,向用户提供的逻辑地址空间最大为 16 页,每页 2048B,内存总共有 8 个存储块,试问逻辑地址至少应为多少位? 内存空间有多大?

27. 分页存储管理系统中(页表见表 5-8),页面大小为 1KB,试将逻辑地址 1011B、2148B、3000B、4000B 和 5012B 转化为相应的物理地址。

表 5-8　页表

页号	块号	页号	块号
0	2	2	1
1	3	3	6

28. 某系统采用可变分区分配存储管理存储空间,用户区为 512KB,且起始地址为 0,采用空闲分区表管理空闲区。分配时采用分配空闲区低地址部分的方案,且初始时用户区是空闲的,设有下述申请序列:

申请 300KB,申请 100KB,释放 300KB,申请 150KB,申请 30KB,申请 40KB,申请 60KB,释放 30KB

请回答下列问题:

(1) 采用首次适应算法,给出空闲区表内容(起始地址和大小)。

(2) 采用最佳适应算法,给出空闲区表内容(起始地址和大小)。

(3) 采用最坏适应算法,给出空闲区表内容(起始地址和大小)。

(4) 如果再申请 100KB,针对(1)、(2)和(3)各有什么结果?

29. 设某分页系统中,页面大小为 100 字,程序大小为 1200 字,可能的地址访问序列如下:10、205、110、735、603、50、815、314、432、320、225、80、130、270。系统为其分配 4 个物理块,若采用 FIFO、LRU 算法,请分别给出该程序驻留的各个页的变化情况及缺页率。

30. 某系统采用分页存储管理策略,拥有逻辑空间 32 页,每页 2 KB;拥有物理空间 1MB。

(1) 写出逻辑地址的格式。

(2) 若不考虑访问权限位,进程的页表有多少项? 每项至少多少位?

(3) 如果物理空间减少一半,页表结构应怎样改变?

31. 某请求分页存储系统采用先进先出页面淘汰算法,并为每道程序分配 3 个物理块。若某程序运行中使用的操作数所在的页号依次为:4、3、2、1、4、3、5、4、3、2、1、5,请回答下列问题:

(1) 该作业运行中总共出现多少次缺页?

(2) 若每个作业进程在主存拥有 4 页,又将产生多少次缺页?

(3) 如何解释所出现的现象?

32. 某系统配有 4 台磁带机,内存可用空间为 100KB,且采用不能移动已在内存中作业的可变分区方式管理内存。一批作业的情况如表 5-9 所示。

表 5-9　作业情况

作业	进入时间	估计运行时间/min	需要内存/KB	需要磁带机/台
JOB1	10:00	25	15	2
JOB2	10:20	30	60	1
JOB3	10:30	10	50	3
JOB4	10:35	20	10	2
JCB5	10:40	15	30	2

　　该系统采用多道程序设计技术,对磁带机采用静态分配,忽略设备工作时间和系统进行调度所花费的时间。请分别计算采用先来先服务和短作业优先调度算法的系统平均周转时间。

　　若允许移动已在内存中的作业,则它们的平均周转时间如何?

第 6 章

chapter 6

设 备 管 理

设备是指计算机系统中的外部设备,它是计算机系统的重要组成部分,包括辅助存储器(外存)、输入设备和输出设备(又称 I/O 设备)。由于计算机系统所含设备类型繁多、差异较大,因此设备管理是操作系统的主要功能之一。作为操作系统与系统硬件最紧密相关的部分,设备管理的主要任务是完成用户提出的 I/O 请求,提高 I/O 操作速度和 I/O 设备利用率,并能为用户方便使用 I/O 设备提供手段,最终提升系统的效率和性能。

本章主要介绍输入设备和输出设备的管理,包括设备分配、设备控制、缓冲管理和虚拟设备等。至于外存的管理和使用,我们将在下一章的文件管理中详细介绍。

6.1 设备层次结构

设备管理不仅与硬件有密切关系,而且与文件管理、虚拟存储管理相关,同时还与用户直接交互,导致设备管理涉及面广且任务繁重。为方便管理,设备管理可由多个具有不同功能的模块组成。这些模块可组织成层次结构,其中每层均调用下层提供的服务以完成某项功能,并在向高层提供服务时屏蔽各种功能的具体实现细节。

设备管理软件通常可划分为四层,如图 6-1 所示。

各层次及其功能如下:

(1)中断处理程序:它处于 I/O 管理的底层,直接与硬件交互,其主要功能是响应上层程序或软件的中断请求,保存被中断进程的 CPU 环境,分析中断原因,执行相应的中断处理程序,处理完成后恢复被中断进程的现场,返回断点继续执行。

(2)设备驱动程序:它是进程和设备控制器之间的通信程序,其主要功能是将上层发来的抽象 I/O 请求转换为对 I/O 设备操作的具体命令和参数,并装入到设备控制器的寄存器中,以驱动 I/O 设备工作。由于设备差异很大,故驱动程序也各不相同,一般由制造厂商提供。

(3)设备独立性软件:用于实现用户程序与设备驱动器的统一接口,使得 I/O 设备管理软件独立于具体使用的物理设备,从而设备更新或替换时无须修改软件模块,方便了系统的更新、扩展和移植。设备独立性软件的内容包括设备命名、设备分配与释放、设备保护、设备映射和数据缓冲管理等。

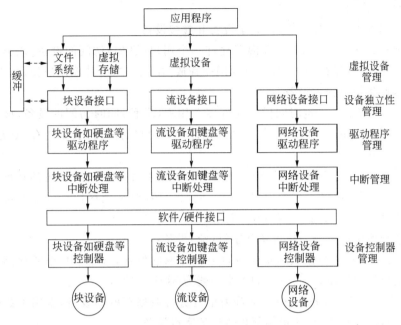

图 6-1　设备管理软件的层次结构

（4）虚拟设备软件：用于将物理设备通过虚拟技术方式映射为若干个逻辑设备，从而可使用户共享该物理设备，互不干扰。

（5）用户层软件：用于实现与用户交互的接口，用户可直接调用与 I/O 操作相关的库函数，对设备进行 I/O 操作，其操作主要包括产生 I/O 请求、初始化 I/O、控制 SPOOLing 设备等。

6.2　设备管理概述

6.2.1　设备的分类

计算机系统中 I/O 设备种类繁多，如显示器、键盘、磁盘、光驱、打印机、鼠标等，它们各自的结构较复杂，管理较困难。为了便于管理，I/O 设备可分成不同的类型。

按设备的所属关系可分为系统设备和用户设备：

（1）系统设备：指操作系统生成时就已经登记在系统中的标准设备，如键盘、鼠标、磁盘、显示器、打印机等。

（2）用户设备：指操作系统生成时未登入系统中的非标准设备，如绘图仪、扫描仪等，这类设备由用户提供，交给系统来统一管理。

按操作特性可分为存储设备和输入输出设备：

（1）存储设备（或文件设备）：指系统用于存放信息的设备，如磁盘、磁带等。

（2）输入输出设备（I/O 设备）：包括输入设备和输出设备两大类，其中输入设备是将信息输送给计算机，如键盘、鼠标、扫描仪等，而输出设备是计算机处理或加工好的信息输出,如打印机、显示器等。

按共享属性可分为独占设备、共享设备和虚拟设备:

(1) 独占设备:指一定时间段内只允许一个用户(进程)访问的设备,该类设备一旦分配给某个用户后,便被独占使用,直到用完释放,才能分配给其他用户使用,如键盘、打印机等低速设备均属独占设备。

(2) 共享设备:指一定时间段内允许多个用户(进程)同时访问的设备,该类设备尽管可被多个用户使用,但某个时刻,仍然只允许一个用户访问使用,如内存、磁盘等中、高速设备都属于共享设备。

(3) 虚拟设备:指通过虚拟技术(如 SPOOLing 技术),将一台独占的物理设备变换为共享的逻辑设备,以供若干个用户(进程)同时使用,通常把这种经过虚拟技术处理后的设备称为虚拟设备,如虚拟打印机、虚拟 CPU 等。

按信息交换单位可分为块设备和字符(流)设备:

(1) 块设备:指以数据块为单位进行数据存取的设备,常用于数据的存储,如磁盘、磁带等都是典型的块设备,其中块的大小一般为 512B～4KB。

(2) 字符设备(流设备):指以字符为单位进行数据存取的设备,常用于数据的输入和输出,如键盘、显示器、打印机等都是典型的字符设备。

按传输速率可分为低速设备、中速设备和高速设备:

(1) 低速设备:指传输速率仅为每秒几个字节至数百个字节的设备,如键盘、鼠标等。

(2) 中速设备:指传输速率在每秒数千个字节至数十万个字节的设备,如打印机等。

(3) 高速设备:指传输速率在每秒数十万个字节至千兆字节的设备,如磁盘、磁带等。

6.2.2 设备管理的目标和任务

1. 设备管理的目标

操作系统的主要目标是提高系统资源的利用率和系统的吞吐量,并方便用户使用计算机。为此,设备管理主要实现以下目标:

(1) 方便性:提供用户灵活方便地使用各种设备,摆脱具体的、复杂的物理设备特性的束缚。

(2) 并行性:允许 CPU 与 I/O 设备并行工作,提高系统资源和各种设备的利用率。

(3) 均衡性:监控设备的状态,采用缓冲技术均衡使用设备,避免设备忙闲不均。

(4) 独立性(或无关性):用户编制程序时通过逻辑设备名的方式使用设备,使得所使用的设备与实际使用的设备无关,从而提高程序的可移植性和可扩展性。

- 逻辑设备名:用户自己指定的设备名,它是暂时的、可更改的。
- 物理设备名:系统提供的设备的标准名称,它是永久的、不可更改的。

2. 设备管理的任务

设备管理的任务是根据用户提出的 I/O 请求,利用设备类型和分配策略,分配相应的资源,包括通道、控制器和设备等,并合理地控制 I/O 设备工作,最大程度地实现 CPU 与设备、设备与设备之间的并行工作,提高 CPU 与 I/O 设备的利用率和 I/O 设备的速度,方便用户使用 I/O 设备。

（1）监视设备的状态:为了有效地分配和控制 I/O 设备,系统利用设备控制块记录设备的状态信息及其动态变化情况,以便快速跟踪设备状态信息。

（2）制定设备分配策略:多用户环境中,系统应根据用户要求和设备类型及其有关状态,提供相应的设备分配策略。

（3）设备的分配:根据系统状态及 I/O 请求,给用户（或进程）分配相应的设备,以及所需要的资源,如设备控制器和通道等。

（4）设备的回收:用户（或进程）运行结束后,系统回收其所占用的 I/O 设备,以便提供给其他用户（或进程）使用。

6.2.3　设备管理的主要功能

设备管理的主要功能包括缓冲管理、设备分配、设备处理和虚拟设备等。

（1）缓冲管理:通过单缓冲区、双缓冲区或缓冲池等机制,管理系统中各种类型的缓冲区,协调各类设备的工作速度,提高系统资源的使用效率。

（2）设备分配:根据用户提出的 I/O 请求,通过配置设备控制表、控制器控制表、通道控制表和系统设备表信息,为其分配所需要的设备及相关资源,实现设备分配。

（3）设备处理:通过设备处理程序,实现 CPU 和设备控制器之间的通信。

（4）虚拟设备:利用虚拟技术,将独占使用的物理设备,改造成能供多个进程共享的逻辑设备,从而提高设备资源的利用率。

6.3　输入输出系统

设备管理的主要对象是 I/O 系统,包括 I/O 设备和相应的设备控制器。本节主要介绍 I/O 系统的结构、I/O 设备控制器、I/O 通道和 I/O 系统的控制方式。

6.3.1　I/O 系统结构

计算机系统经多年发展,具有不同的规模、结构和用途,这也导致 I/O 系统的结构千差万别。根据计算机规模的不同,I/O 系统的结构通常可分两大类:主机 I/O 系统和微机 I/O 系统。

1. 主机 I/O 系统

主机泛指早期服务器型的计算机,包括大、中和小型机,其组织结构一般为服务器和客户端模式。典型的主机 I/O 系统如图 6-2 所示,它主要包括主机、通道和外部设备(包括设备控制器和 I/O 设备)。

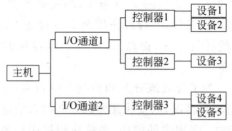

图 6-2　主机 I/O 系统结构

计算机系统中配备的外部设备主要由机械和电子两部分组成,其中机械部分负责执行 I/O 操作,电子部分则控制 I/O 操作。为了降低成本,电子部分从外部设备中独立出来构成一个部件,称为控制器,而剩余的机械部分则称为 I/O 设备。由于 I/O 设备通常不会同时使用,故一个控制器可交替控制几台同类的 I/O 设备。

由于 I/O 设备速度远低于 CPU 的速度,为了提高 CPU 的利用率,使 CPU 摆脱繁忙的 I/O 事务,现在大型计算机都设置了专门用于处理 I/O 操作的硬件机构,称为通道。通道相当于一个专用的 CPU,它接受 CPU 的委托,独立地执行相关程序,控制外部设备,完成请求的 I/O 操作,实现内存和外设之间的成批数据传输。当委托的 I/O 任务完成后,发出中断信号,请求 CPU 处理。由此可知,引入通道后,CPU 和外部设备工作的并行程度大大提高了。同样,一个通道可以交替控制多个设备控制器。

2. 微机 I/O 系统

微型计算机的体系结构一般为总线结构型,其中 CPU 和内存是直接连接到总线上的,它们之间的通信是通过系统总线来实现的。微机的 I/O 系统也为总线结构,如图 6-3 所示,其中 I/O 设备通过设备控制器连接到总线上。CPU 通过设备控制器控制 I/O 设备,并与其进行通信,即设备控制器是 CPU 和 I/O 设备之间的接口。针对不同的设备类型,系统应配置与之相应的设备控制器,如磁盘控制器、打印机控制器等。

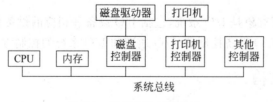

图 6-3　微机 I/O 系统结构

6.3.2　I/O 设备控制器

设备控制器的主要功能是控制一个或多个 I/O 设备,以实现 I/O 设备和计算机之间的数据交换。它是 CPU 与 I/O 设备之间的接口,接收 CPU 发来的命令,控制 I/O 设备工作,使 CPU 能够从繁杂的 I/O 控制事务中解脱出来,从而提高 CPU 的使用效率。

设备控制器是一个可编址的设备。当它控制一台设备时,只有一个唯一的地址;若控制多个设备,则包含多个设备地址,每个地址对应一个设备。由于 I/O 设备类型繁多,设备控制器较复杂、差异很大。它一般分为两类:一类是用于控制字符设备的控制器;另一类是用于控制块设备的控制器。微型或小型机的控制器通常做成印刷电路卡形式,如显示卡等。

1. 设备控制器的功能

设备控制器一般具有以下功能:

(1)了解和报告设备状态:获取、更新设备的各种状态,以供 CPU 使用。设备控制器中应设立一个状态寄存器,用于记录设备的各种状态信息,其中每一位反映设备的某种状态。CPU 通过访问该寄存器的内容,便可了解该设备的状态。

(2)接收和识别命令:接收和识别由 CPU 发来的各种命令,并对这些命令进行译码。设备控制器中需具有相应的控制寄存器,用于存放接收的命令和参数。

(3)识别地址:识别它所控制的所有设备的地址,以访问并控制相应的设备。设备控制器中应配置地址译码器,用于解析它所控制的设备地址。

(4)交换数据:实现 CPU 与控制器、控制器与设备之间的数据交换。设备控制器中应设置数据寄存器,用于存放需交换的数据。CPU 和外设可向数据寄存器中写入数据,或从中读取数据,从而实现数据交换目的。

(5)缓冲数据:设备控制器中应设置缓冲,用于暂时存放从 CPU 或内存中发来的数据,供输出设备读取;或存放从输入设备获取的数据,供 CPU 或内存访问,目的是解决低速设备与高速 CPU 和内存之间的速度不匹配问题。

(6)控制差错:对设备传来的数据进行差错检测。若发现传送数据错误,则向 CPU 报告,同时将本次传送的数据作废,并重新传送,以保证数据传送的正确性。

2. 设备控制器的组成

设备控制器位于 CPU 与设备之间,它既要与 CPU 通信,又要与设备通信,还应按照 CPU 所发来的命令去控制设备工作。因此,大多数控制器由以下三部分组成(如图 6-4 所示):

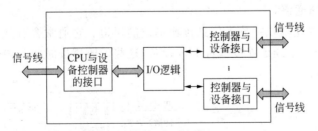

图 6-4 设备控制器的组成

(1)CPU 与设备控制器的接口:用于实现 CPU 与设备控制器之间的通信。该接口包括寄存器和信号线,其中信号线分为数据线、地址线和控制线三大类,寄存器为数据寄存器和状态/控制寄存器。数据线通常与这两种寄存器相连,地址线和控制线则直接与

I/O 逻辑相连。

（2）I/O 逻辑：用于实现对 I/O 设备的控制。CPU 利用 I/O 逻辑向控制器发送 I/O 命令。当 CPU 需要启动一个设备时，一方面将启动命令发送给控制器，另一方面还同时通过地址线把地址发送给控制器，由控制器的 I/O 逻辑对收到的地址进行译码，再根据所译出的命令对所选设备进行控制。

（3）设备控制器与设备的接口：用于连接并控制设备，其中一个接口连接一台设备。每个接口有三种信号：数据、控制和状态。控制器中的 I/O 逻辑根据 CPU 发送来的地址信号，选择一个设备接口。

6.3.3 I/O 通道

1. I/O 通道的引入

虽然设备控制器可以大大减少 CPU 对 I/O 的干预，但当设备较多时，CPU 的负担仍然很重。为此，在 CPU 和设备控制器之间增设了 I/O 通道，以进一步把 CPU 从繁杂的 I/O 任务中解脱出来，使其有更多时间去处理数据，而非传送数据。

I/O 通道是指专门负责输入输出工作的处理器。它有自己的指令系统（包含数据传送指令和设备控制指令），具有执行 I/O 指令的能力，能按照指定的要求独立地完成输入输出操作。系统设置了 I/O 通道后，CPU 需要传送大量数据时，只需向通道发送一条 I/O 指令即可；通道接收到该指令后，便根据指令要求执行通道程序，完成规定的 I/O 操作，任务完成后才向 CPU 发出中断信号。

I/O 通道与 CPU 的不同之处在于：通道所能执行的指令单一，仅局限于 I/O 操作的指令；通道没有自己的存储单元，必须共享内存。

2. I/O 通道的类型

I/O 通道是用于控制外围设备的。由于外围设备的类型较多，且其传输速率相差较大，因而使通道具有多种类型。根据信息交换方式的不同，通道可分为三种类型：字节多路通道、数据选择通道和数组多路通道。

（1）字节多路通道

字节多路通道是指以字节为信息传输单位的通道。它通常含有几十个到数百个非分配型子通道，每个子通道连接一台 I/O 设备，这些子通道按时间片轮转方式共享主通道，如图 6-5 所示。

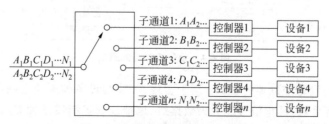

图 6-5　字节多路通道的工作原理

当第一个子通道控制其 I/O 设备完成一个字节的交换后,便立即腾出字节多路通道(主通道),让给第二个子通道使用;当第二个子通道也完成一个字节的交换后,同样也把主通道让给第三个子通道;依此类推。当所有子通道轮转一周后,重新返回由第一个子通道使用字节多路通道。这样,只要字节多路通道扫描每个子通道的速率足够快,且连接到子通道上的设备的速率较低,便不会丢失信息。

字节多路通道只适用于连接打印机、卡片输入/输出机等低速或中速 I/O 设备,不适用于高速 I/O 设备。

(2) 数组选择通道

数组选择通道是指按数组方式进行数据传送的通道。它可以连接多台高速设备,但只含有一个分配型子通道。数组选择通道在一段时间内,只能控制一台设备进行数据传送,这将导致当某台设备占用该通道后,就会一直独占,即使无数据传送,通道被闲置,也不允许其他设备使用,直至数据传送完毕后才释放该通道。

数组选择通道虽然有很高的传输速率,但它每次只允许一个设备传输数据,因而通道利用率很低。它适用于连接高速外部设备,如磁盘,磁鼓等。

(3) 数组多路通道

数组多路通道是将数组选择通道传输速率高和字节多路通道能使各子通道(设备)分时并行操作的优点相结合而形成的一种新通道。它含有多个非分配型子通道,因而这种通道既有很高的数据传送率,又能获得满意的通道利用率。正因为如此,该通道被广泛用于连接多台高、中速的外围设备,其数据传送是按数组方式进行的。

3. 通道的瓶颈问题

由于通道价格昂贵,因此系统中所设置的通道数量较少,从而出现 I/O 瓶颈问题。假设图 6-2 中设备 1 占用了通道 1 后,设备 2 和设备 3 必须等待,从而造成整个系统吞吐量下降。

解决瓶颈问题的有效方法是增加设备到主机间的通路而不增加通道,如图 6-6 所示。换句话说,就是把一个设备连接到多个控制器上,而一个控制器又连接到多个通道上。多通路方式不仅解决了瓶颈问题,而且提高了系统的可靠性,因为个别通路或控制器发生故障时,不会使设备和内存、主机之间没有通路。

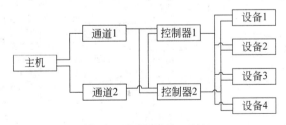

图 6-6　多通路 I/O 系统

6.3.4　设备的控制方式

早期 I/O 设备的控制主要采取程序直接访问方式,后来发展为中断控制方式。随着直接存储访问(DMA)控制器的出现,数据传送由以字节为单位改变为以数据块为单位,大大改善了 I/O 性能。I/O 通道的出现使得数据的传送和 I/O 操作无须 CPU 干预。I/O 设备控制方式的发展遵循的准则是尽量减少 CPU 对 I/O 控制的干预,将 CPU 从繁杂的 I/O 事务中解脱出来,以便更多地完成数据处理任务。

1. 程序直接控制方式

程序直接控制方式也称为"忙—等待"方式,指若一个设备的 I/O 操作没有完成,则控制程序一直检测该设备的状态,直到该操作完成才能进行下一个 I/O 操作。程序直接控制方式的工作流程如图 6-7(a)所示。

假设 CPU 需要从 I/O 设备中读取数据,则 CPU 向设备控制器发出一条 I/O 读指令,启动设备进行读取。设备输入数据过程中,CPU 通过循环方式,不间断地检测设备状态寄存器的值,判断数据输入是否完成。若数据输入完成,CPU 将控制器中数据寄存器的数据取出,送入内存指定的存储单元,然后再启动设备去读取下一个字(节)数据。CPU 输出数据到 I/O 设备的过程与数据读取类似,同样需要发出启动命令启动设备输出,并等待输出操作完成。

程序直接控制方式的特点是工作过程简单,但 CPU 的利用率低,因为 CPU 耗费大量时间在等待输入输出的循环测试上,使得 CPU 与 I/O 设备串行工作,严重影响了 CPU 和 I/O 设备的使用效率,致使整个系统效率很低。程序直接控制方式适用于早期的计算机系统。

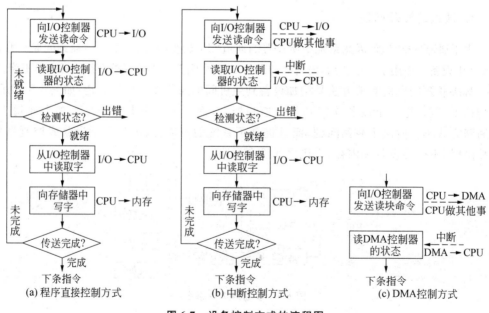

图 6-7　设备控制方式的流程图

2. 中断控制方式

中断控制方式是指 CPU 在执行过程中,若需要从 I/O 设备中读取或写入数据,则向

相应的设备控制器发出一条 I/O 命令,然后立即返回继续执行原来的任务,设备控制器
按照该命令要求去控制指定的 I/O 设备。中断控制方式的工作流程如图 6-7(b)所示。

假设 CPU 需要从 I/O 设备读取数据,则具体步骤如下:

(1) 进程要求输入数据时,CPU 向控制器发出启动指令,启动设备输入数据,并将状态寄存器中的中断位打开,允许中断产生。

(2) 发出数据请求的进程放弃 CPU,等待输入完成,CPU 运行其他就绪进程。

(3) 当数据输入完成后,I/O 控制器通过中断请求方式,向 CPU 发出中断信号,CPU收到中断请求后执行设备中断处理程序,将输入数据寄存器中的数据传输到内存的存储单元,唤醒等待输入的进程,并返回到刚被中断的进程继续执行。

(4) 在以后某个时刻,CPU 继续执行请求输入的进程,以完成数据处理。

中断控制方式的特点是 CPU 和 I/O 设备并行工作,仅当输完一个数据时,才需 CPU花费极短的时间去完成中断处理,从而提高了系统的资源利用率和吞吐量。其缺点是数据的输入和输出是以字节为单位进行的,并且每传送一个字节的数据,控制器就向 CPU请求中断一次,使 CPU 在数据传送时仍然处于忙碌状态。

3. 直接存储器控制方式(DMA)

虽然中断控制方式比程序直接控制方式更有效,但它仍然以字(节)为单位进行数据传送。若将这种方式用于块设备的 I/O 操作,则效率极其低下。例如,从磁盘中读取1KB 的数据,需要中断 CPU 一千次。

直接存储器访问方式是指 I/O 操作由 DMA 控制器完成,使得设备与内存之间可以成批地进行数据交换,无须 CPU 干涉。DMA 控制方式的工作流程如图 6-7(c)所示。

假设需要从 I/O 设备中读取数据,则具体步骤如下:

(1) 进程要求输入数据时,CPU 将设备存放输入数据的内存起始地址以及要传送的字节总数分别送入 DMA 控制器,启动设备进行数据输入,并将中断位打开,允许中断产生。

(2) 发出数据请求的进程放弃 CPU,进入等待状态,CPU 转去运行其他进程。

(3) 在 DMA 控制下,输入设备不断地挪用 CPU 的工作周期,将数据不断地写入内存,直至所要求的字节全部传送完毕。

(4) 传送完成后,DMA 控制器通过中断请求方式,发出中断信号,CPU 收到中断请求后,转入中断处理程序,唤醒等待输入的进程,并返回刚被中断的进程继续运行。

(5) 在以后某个时刻,CPU 继续执行请求输入的进程,以完成数据处理。

DMA 控制方式的特点是数据传送的基本单位是数据块,且整个数据块的传送过程是由 DMA 控制完成的,无须 CPU 干预;仅在传送的开始和结束时,才需要 CPU 干预。由此可见,DMA 方式进一步提高了 CPU 和 I/O 设备的并行程度。直接存储存取控制方式适用于块设备的数据传输。

4. 通道控制方式

虽然 DMA 控制方式已显著地减少了 CPU 的干预,但 CPU 每发出一条 I/O 指令,

只能读取或写入一个连续的数据块。若需要传送大量数据,或是将数据传送到不同的内存区域,则需发出多条 I/O 指令及进行多次中断处理;反之亦然。

通道控制方式是以一组数据块为读、写单位,在设备与内存之间直接交换数据的控制方式。当 CPU 需要读写一组数据块时,只需要向 I/O 通道发送一条 I/O 指令,指出通道程序(指令)首地址和要访问的 I/O 设备;通道接收到该指令后,通过执行通道程序(指令),完成一组数据块的输入/输出任务。通道程序是由一系列通道指令(即通道命令)所构成的。

通道通过执行通道程序与设备控制器共同实现对 I/O 设备的控制。通道控制中数据输入的具体步骤如下:

(1) 当进程要求输入数据时,CPU 发出启动指令指明 I/O 操作、设备号和对应通道。

(2) 通道接收到 CPU 启动指令后,获取存放在内存中的通道指令程序,并执行该通道程序,控制 I/O 设备将数据传送到内存中指定的区域。

(3) 数据传输结束后,向 CPU 发出中断请求,CPU 收到中断信号后,转去执行中断处理程序,唤醒等待输入完成的进程,并返回被中断的程序。

(4) 在以后某个时刻,CPU 继续执行请求输入的进程,以完成数据处理。

通道控制方式的特点是可实现 CPU、通道和 I/O 设备的并行操作,减少 CPU 的干预,更有效地提高整个系统的资源利用率。通道控制方式适用于现代计算机系统的大量数据交换。

6.4　设备分配与回收

系统中的设备可供所有进程使用。为防止系统资源的无序访问,系统规定所有设备均由系统统一分配,不允许用户自行使用。当进程提出 I/O 请求时,系统按照某种分配策略,将通道、设备控制器、设备分配给请求的进程。为了实现设备分配,系统还需设置相应的数据结构。

6.4.1　数据结构

为方便管理和控制 I/O 设备,系统需配置设备控制表、控制器控制表、通道控制表和系统设备表,记录每台设备、通道、控制器的具体情况。

1. 设备控制表(DCT)

系统为每台设备配置一张设备控制表(DCT),用于记录设备的特性及与控制器的连接情况,如表 6-1 所示。

设备控制表中各字段说明如下:

(1) 设备类型:描述设备的特征,如终端设备、块设备或字符设备等。

(2) 设备标识符:分为设备绝对号和设备相对号,其

表 6-1　设备控制表

设备类型
设备标识符
设备状态
指向控制器表的指针
重复执行次数或时间
设备队列的队首指针

中绝对号是系统对每台设备的编号,而相对号是用户对每类设备的编号。用户请求使用设备时使用相对号。系统根据相对号,获取设备的绝对号,然后根据用户要求,启动相应的设备。

(3) 设备状态:描述设备当前处于空闲还是繁忙状态。

(4) 重复执行次数或时间:允许重复传送最多次数。由于设备传送数据时容易发生传送错误,若出现错误,则令它重新传送。重复执行中若能恢复正常传送,则认为传送成功;仅当屡次失败,超过系统规定的最大次数时仍不成功,则认为传送失败。

(5) 设备队列的队首指针:设备队列是指将所有请求本设备但未得到满足的进程按照一定的策略所排成的队列。

(6) 指向控制器表的指针:该指针指向与设备相连接的控制器的控制表。若一个设备与多个控制器相连,则其 DCT 中有多个控制器表指针。

2. 控制器控制表(COCT)

每个设备控制器均配置了一张控制表,用于记录设备控制器的使用状态,以及与通道的连接状况等,如表 6-2(a)所示,包括控制器标识符、控制器状态、指向通道表的指针等。

3. 通道控制表(CHCT)

每个通道也配置一张控制表,用于记录通道信息及状态等,如表 6-2(b)所示。

4. 系统设备表(SDT)

系统为管理设备方便,设置了一张系统设备表,用于记录系统中所有物理设备的情况,其中每个物理设备占一个表目,包括设备类型、设备标识符、设备控制表和驱动程序的起始地址等项,如表 6-2(c)所示。

表 6-2　系统设备表、控制器控制表、通道控制表

(a) 控制器控制表	(b) 通道控制表	(c) 系统设备表
控制器标识符	**通道标识符**	**设备类型**
控制器状态	通道状态	设备标识符
指向通道表的指针	与通道连接的控制器表起始地址	指向设备控制表指针
控制器队列的队首指针	通道队列的队首指针	驱动程序入口
控制器队列的队尾指针	通道队列的对尾指针	

6.4.2　设备分配因素

系统在分配设备时,应考虑以下几个因素。

1. 设备的固有属性

设备的固有属性可分为三种,它们在分配过程中应采取不同的策略:

（1）独占设备：该设备分配给进程后，由其独占，直至该进程完成或释放该设备。

（2）共享设备：该设备可同时分配给多个进程，但需按访问该设备的先后次序进行合理调度、使用。

（3）虚拟分配：虚拟设备属于可共享的设备，故可同时分配给多个进程使用。

2. 设备的分配原则

设备分配的原则应根据设备的特性、用户要求和系统配置情况决定。设备分配的总原则是既要充分发挥设备的使用效率，尽可能地让设备处于忙碌状态，但又要避免由于不合理的分配方法造成进程死锁；另外，还要做到把用户程序和具体物理设备隔离开来，即用户程序面对的是逻辑设备，而分配程序将在系统把逻辑设备转换成物理设备之后，再根据要求的物理设备号进行分配。

3. 设备的分配算法

设备的分配算法依据某种策略，将设备先分给相应的进程。设备的分配算法通常有两种：

（1）先请求先服务算法：根据进程发出设备请求的先后顺序，把这些进程排成一个设备请求队列，设备分配程序总是把设备分配给队首进程。

（2）优先级高者优先算法：按照进程的优先级高低进行排序，其中优先级高的进程排在设备请求队列前面，而对于优先级相同的 I/O 分配请求，则按先来先服务的原则排队。

4. 设备分配的安全性

设备分配的安全性是指在设备分配中应防止发生进程死锁现象。从进程运行的安全性角度考虑，设备分配有以下两种方式。

（1）安全分配方式：进程发出 I/O 请求后，便进入阻塞状态，直到其所提出的 I/O 请求完成后才被唤醒。这种分配方式摒弃了死锁条件中的"请求和保存"条件，故设备分配是安全的，但缺点是进程推进缓慢，且 CPU 和 I/O 设备是顺序工作的。

（2）不安全分配方式：进程发出 I/O 请求后，仍继续执行，并且在需要时又可以发出第二个、第三个 I/O 请求等。仅当进程所请求的设备已被另一个进程占用时，才进入阻塞状态。此策略的优点是一个进程可同时操作多个设备，使进程推进迅速，但可能会产生死锁，导致分配不安全。

5. 设备的独立性

设备的独立性是指用户在编制应用程序时所使用的设备，不局限于某个具体的物理设备，即应用程序与实际的物理设备无关。如果应用程序直接与物理设备相关，那么用户使用时非常不灵活，且 I/O 设备利用率较低。例如，当物理设备更改时，应用程序也应做相应的改变，否则无法使用 I/O 设备。

为了解决这个问题,应用程序可通过逻辑设备方式访问 I/O 设备,其中逻辑设备是抽象的设备名,说明是哪类设备,但与具体的物理设备不相关。具体分配时,应用程序使用逻辑设备名请求使用某类设备,系统进行设备分配时,先查找该类设备中的第一台。若它已分配,则查找该类设备中的第二台;若又已分配,则查找第三台;若尚未分配,则可将此设备分配给该进程。只要有一台设备未分配,进程就不会被阻塞。

为了实现设备独立性,系统需配置一张逻辑设备表,用于实现逻辑设备名与物理设备名之间的转换。究其原因是系统分配设备时按物理设备名进行分配,而应用程序则使用逻辑设备名申请设备。设备独立性能有效地实现 I/O 重定向,其中 I/O 重定向是指I/O 操作的设备可以更换(即重定向),而不必改变应用程序。

6.4.3　设备分配与回收

1. 设备分配

进程提出设备请求时,系统启动设备分配程序,按照某种策略为进程分配设备、设备控制器和通道。由于通道是系统中最紧缺的资源,而设备是最充足的资源,所以分配步骤是按设备、设备控制器和通道的顺序进行设备分配。

（1）分配设备

I/O 设备的具体分配步骤如下(如图 6-8 所示):

① 系统根据进程提供的设备名,查找系统设备表,若没有找到该设备,则显示出错信息,并结束分配。

② 获取该设备的设备控制表,查看设备控制表中的设备状态字段,若该设备处于忙状态,则将进程插入到该设备的等待队列。

③ 按照一定的安全算法判断本次设备分配是否安全,若分配不安全,则将该进程插入到该设备的等待队列。

④ 分配所要求的设备给该进程,修改设备控制表,将状态字段改为忙碌态,并修改系统设备表,使"现存设备台数"减少分配的台数。

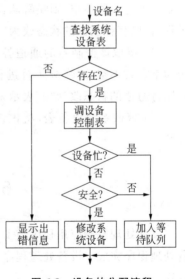

图 6-8　设备的分配流程

（2）分配设备控制器

设备控制器的具体分配步骤如下:

① 系统把设备分配给请求 I/O 的进程后,读取该设备的设备控制表。

② 获取与该设备相连的控制器控制表,根据其中的状态字段,判断该控制器是否忙碌。若控制器忙,则将进程插入到等待该控制器的队列。

③ 将该控制器分配给进程,即修改控制器控制表,把状态的值由"0"改为进程名。

（3）分配通道

通道的具体分配步骤如下:

① 设备控制器分配后,系统从控制器控制表中找到与该控制器相连的通道控制表。

② 根据通道控制表中的状态字段,判断该通道是否忙碌。若通道处于忙碌状态,则将该进程插入到等待该通道的队列。

③ 将通道分配给该进程,即修改通道控制表,把状态的值由"0"改为进程名。

④ 若通道分配成功,则此次设备分配操作成功。

2. 设备回收

进程撤销或设备使用完毕,系统需回收已分配给该进程的设备。设备回收的流程如图 6-9 所示,具体步骤如下:

(1) 系统根据进程所使用的设备名,查找系统设备表,获取该设备的设备控制表。

(2) 若该设备的等待队列不空,则唤醒队首进程,将该设备分配给队首进程,否则将设备状态修改为"0"表示未分配。

(3) 读取该设备的控制器控制表,判断该控制器的等待队列是否为空。若不空,则唤醒队首进程,将该控制器分配给队首进程,否则将控制器的状态改为"0"表示未分配。

(4) 读取该控制器的通道控制表,判断通道的等待队列是否为空。若不空,则唤醒队首进程,将该通道分配给队首进程,否则将通道的状态改为"0"表示未分配。

(5) 修改系统设备表,将该设备的现存总数加上回收设备台数。

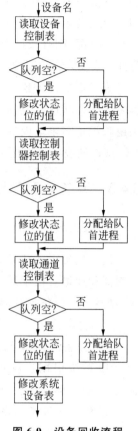

图 6-9　设备回收流程

6.5　设　备　处　理

设备处理是指应用程序与 I/O 设备之间完成 I/O 任务的处理过程,其具体操作由设备处理程序完成。设备处理程序也称设备驱动程序,它是进程与设备控制器之间的通信程序。

6.5.1　设备驱动程序

设备驱动程序的主要任务是接收应用程序中的抽象要求或命令,转化为具体要求或命令,发送给设备控制器,启动 I/O 设备去执行,以完成指定的 I/O 任务;反之,将由设备控制器发来的信号传送给应用程序。

1. 设备驱动程序的功能

为了实现进程与设备控制器之间的通信,设备驱动程序应具有以下功能:

（1）接收进程发来的命令和参数，并将命令中的抽象要求转化为具体要求。

（2）检查用户 I/O 请求的合法性，了解 I/O 设备的工作状态，传递有关参数，设置设备的工作方式。

（3）发出 I/O 命令。如果设备空闲，则启动 I/O 设备，完成指定的 I/O 操作，否则该进程进入该设备的等待队列。

（4）及时响应由控制器或通道发来的中断请求，并根据其中断类型，调用相应的中断处理程序进行处理。

2. 设备处理的方式

不同系统所采用的设备处理方式并不完全相同。根据在设备处理时是否设置进程，以及设置什么样的进程，设备处理方式可分为以下三类：

（1）每一种设备设置一个进程，专门执行这类设备的 I/O 操作。例如，为同一种类型的打印机设置一个打印进程。

（2）整个系统中设置一个 I/O 进程，专门负责执行所有设备的 I/O 操作，也可设置一个输入进程和一个输出进程，分别处理系统中所有各类的输入和输出操作。

（3）不设置专门的设备处理进程，而只设置相应的设备驱动程序，供用户或系统进程调用。

3. 设备驱动程序的特点

设备驱动程序与一般的应用程序及系统程序有以下明显差异：

（1）驱动程序是实现进程（与设备无关的程序）与设备控制器之间通信和转换的程序。

（2）驱动程序与设备控制器、I/O 设备的硬件特性紧密相关，不同类型的设备应配置不同的驱动程序。

（3）驱动程序与 I/O 控制方式紧密相关，常用中断控制方式和 DMA 控制方式。

（4）驱动程序与硬件紧密相关，其部分被固化在 ROM 中。

（5）驱动程序可重入，即正在运行的驱动程序会在一次调用完成前被再次调用。

6.5.2　驱动程序的处理过程

设备驱动程序的主要任务是接收 I/O 命令，完成准备工作，发送启动命令，启动指定设备，完成指定的 I/O 任务。其具体处理过程如下：

（1）将抽象要求转化为具体要求：设备控制器中设置若干个寄存器，用于暂存命令、数据和参数等。设备驱动程序收到应用程序的抽象要求（由于设备独立性等因素，控制器无法直接理解应用程序的要求）后，将其转化为具体要求，传送给设备控制器，如将盘块号转换为磁盘的盘面、磁道号及扇区号。

（2）检查输入输出请求的合法性：任何 I/O 设备都只能完成一组特定的功能，因此需检测 I/O 请求是否合法，若非法，则应予以拒绝。

（3）读出和检查设备的状态：启动 I/O 设备进行 I/O 操作前，需读取该设备的状态寄存器,判断其是否处于空闲状态,仅当设备空闲时,才能启动其设备控制器,否则只能等待。

(4) 传送必要的参数:某些设备(如块设备)启动时,除了控制命令外,还需要必要的参数,如磁盘读写前,需要获知本次传送的字节数、送达的内存首地址等。

(5) 设置工作方式:部分设备有多种工作方式,因而启动时应选定某种具体方式,并给出必要的数据,如传送波特率、奇偶校验方式、停止位数目及数据字节长度等。

(6) 启动 I/O 设备:完成以上步骤后,向控制器的命令寄存器传送相应的控制命令,启动 I/O 设备。

6.6　设备管理的实现技术

设备管理中采用了多种技术,包括中断、缓冲和假脱机(SPOOLing)技术等,其中中断技术是为了响应优先级高的设备处理请求;缓冲技术是为了提高 I/O 设备的速度和利用率;假脱机技术是为了把独占设备变成共享设备,提高设备的利用率。

6.6.1　中断技术

中断在操作系统中有着特殊重要的作用,它不仅是多道程序实现的基础,而且也是设备管理实现的基础。设备管理中引入中断的目的是实现 CPU 与 I/O 设备并行工作,提高 CPU 的利用率和系统吞吐量。某种程度上,操作系统就是一个"中断驱动"的管理程序,如打开一个应用程序,输入一个字符,输出一个字符等均是一次中断。

1. 中断

中断是 CPU 对 I/O 设备发来的中断信号的一种响应过程,即 CPU 在执行某进程的过程中,由于某些事件的出现,暂停正在执行的进程,转去处理所出现的事件,待中断事件处理后,再返回暂停的进程继续执行的过程。引发中断的设备或事件称为中断源。中断请求是指中断源向 CPU 发出的请求中断处理信号,而中断响应是指 CPU 收到中断请求后转到相应的事件处理程序。若中断是由 CPU 内部事件所引起的,如非法指令、地址越界、数据溢出等,则称为内中断(又称为陷阱 Trap);若中断是由外部设备或硬件所引发的,则称为外中断。

CPU 接收到中断请求后,需要根据该中断请求的类型,按某种既定的步骤或程序,处理该中断请求,如图 6-10 所示。这种既定的、专门用于中断处理的步骤或程序代码称为中断处理程序。它是操作系统的组成部分,一般常驻在内存中。为处理方便,系统通常针对不同的中断,配以不同的中断处理程序。中断处理程序存放在内存中的起始地址称为中断向量。所有的中断处理程序在内存中的起始地址(即中断向量)组织在一张表格中,该表格称为中断向量表。系统为每个设备的中断请求规定一个中断号(码),它直接对应于中断向量表的一个表项。当 I/O 设备发

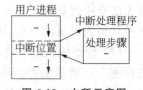

图 6-10　中断示意图

来中断请求信号时,中断控制器确定该请求的中断号,根据中断号查找中断向量表,获取中断处理程序的起始地址,这样便可转入中断处理程序执行。

2. 中断类型

根据实际需要,系统配置了不同类型的中断机构。一般而言,中断可分为硬件故障中断、程序中断、外部中断、I/O 中断和访管中断。

(1) 硬件故障中断:指由机器故障造成的中断,如电源故障、内存错误等。

(2) 程序中断:指由程序执行到某条指令时,可能出现的各种问题引起的中断,如数据溢出、除 0 错误、地址越界等。

(3) 外部中断:指由外部事件引起的中断,如定时时钟时间到等。

(4) I/O 中断:指由 I/O 控制系统发现外围设备完成了 I/O 操作,或在执行 I/O 操作时,通道或外围设备产生错误而引起的中断。

(5) 访管中断:指正在运行的进程执行访管指令时引起的中断,如分配一台外设等。

在以上中断中,前四类中断为强迫性中断,因为它们不是运行进程所希望的;而第五类为自愿性中断,它是进程所希望的。

3. 中断优先级及处理方式

系统中有许多中断信号源,每个中断源对响应服务要求的紧急程度也不尽相同,如内中断的紧急程度要高于外中断,键盘中断请求的紧急程度要低于打印机等。为描述中断的紧迫程度,系统需要对所有中断规定不同的优先级。

中断源处理方式是指如何处理当 CPU 正在处理一个中断时又有新的中断请求发生的情况。通常情况下,中断源处理方式有两种:屏蔽(禁止)中断与嵌套中断。

(1) 屏蔽中断:指 CPU 在处理一个中断时,屏蔽掉所有的中断,即对任何新产生的中断请求,暂时不予理睬,让它们等待,直到 CPU 处理完本次中断后,才去处理那些新产生而等待的中断。该方式顺序处理中断,简单易实现,但不适合实时性要求高的系统。

(2) 嵌套中断:指 CPU 按中断的优先级进行处理,即 CPU 在处理一个中断时,若新产生的中断的优先级高于本次中断,则 CPU 暂停本次中断的处理,转去处理新的中断,直到新的中断处理完后,才返回本次中断继续处理。

4. 中断处理过程

中断的处理过程可分以下几个步骤:

(1) 测试中断信号:CPU 每执行完当前指令后,需测试是否有未响应的中断信号,若没有,则继续执行下一条指令;否则暂停原有进程的执行,准备转去执行中断处理程序,即准备将 CPU 控制权转交给中断处理程序。

(2) 保护现场:CPU 控制权转交给中断处理程序前,先保护被中断进程的 CPU 现场环境,即该进程运行所需的信息,如 CPU 的程序状态字 PSW、下一条指令的地址和各种寄存器的值等,以便以后恢复运行。

（3）执行中断处理程序：CPU 测试各个中断源，确定引发本次中断请求的 I/O 设备，并向中断源发送确认信号，根据中断号查找中断向量表，获取该中断对应的处理程序在内存中的起始地址，装入到程序计数器 PC 中，以便 CPU 自动转向执行对应的中断处理程序。

（4）中断处理：执行中断处理程序，进行中断处理，待程序结束后，从设备控制器中获取设备状态，判断本次中断是否正常完成。若正常完成，则中断程序便结束中断，否则根据发生异常的原因，进行相应的处理。

（5）恢复现场并退出中断：中断处理完成后，恢复 CPU 的现场信息，退出中断。若采用屏蔽中断方式，则返回被中断的进程。若采用中断嵌套方式，则判断是否有优先级更高的中断请求；若没有，则返回被中断的进程，否则系统将处理优先级更高的中断请求。

6.6.2 缓冲技术

缓冲区是一个存储区域，它可由专门的硬件寄存器组成，或使用内存的部分空闲区块组成。

1. 缓冲的引入

引入缓冲区的原因有很多，主要可归结为以下几点：

（1）缓和 CPU 与 I/O 设备间速度不匹配的矛盾。CPU 速度很快，但 I/O 设备的速度较慢，二者进行数据传送时，很可能造成大量数据积压在 I/O 设备处，进而影响 CPU 的工作效率。若在二者之间设置了缓冲区，CPU 就可将数据传送到缓冲区（或从缓冲区读取数据），I/O 设备再从缓冲区读取数据（或向缓冲区写入数据），从而实现 CPU 与 I/O 设备并行工作，提高它们的工作效率。

（2）减少对 CPU 的中断频率，放宽对中断响应时间的限制。若没有缓冲区，每次读取或写入数据都需要中断 CPU；反之，若设置了缓冲区，则只有缓冲区没有数据可读或缓冲区已满无法写入时，才中断 CPU。

（3）提高 CPU 与 I/O 设备间的并行性。引入缓冲区后，可以明显提高 CPU 和 I/O 设备的并行操作程度，提高系统的吞吐量和设备的利用率。例如，在 CPU 和打印机之间设置了缓冲区后，可以使 CPU 与打印机并行工作。

缓冲技术是提高 CPU 与 I/O 设备并行工作程度的一种技术。它主要是对缓冲区进行有效管理，包括缓冲区的组织、分配和回收等。缓冲技术不仅可用于 CPU 和 I/O 设备之间，也可用于所有速度不匹配的地方。如 CPU 与内存之间的高速缓存、内存与显示器之间的显示缓存、内存与磁盘之间的磁盘缓存等。缓冲的实现方式有两种：一是设备本身配有少量必要的硬件缓冲寄存器；二是在内存中划出一块区域充当缓冲区，专门来存放临时输入输出的数据。

2. 缓冲类型

根据系统设置缓冲区的数量，缓冲区可分为单缓冲、双缓冲、循环缓冲、缓冲池。

（1）单缓冲

单缓冲是指 CPU 和 I/O 设备之间只设置一个缓冲区，用于数据的传输，如图 6-11 所示。

I/O 设备和 CPU 交换数据时，先将交换的数据写入缓冲区，然后 CPU 或内存从缓冲区读取数据。当缓冲区中的数据没有处理或取走时，处理第二个数据的进程或设备必须等待。

单缓冲技术具有以下特点：

① 缓冲区只包含一个单位的存储空间，如对于块设备，可存放一块数据；对于字符设备，可存放一个数据。

② I/O 设备和 CPU 对缓冲区的操作是互斥、串行的，且传输速度慢。

③ 只适合单向数据传送场合，且传输数据量较少。

（2）双缓冲

双缓冲是指 CPU 和 I/O 设备之间设置两个缓冲区，用于数据的传输，如图 6-12 所示。

图 6-11　单缓冲的工作方式　　　　　图 6-12　双缓存的工作方式

若需要从 I/O 设备获取数据，则 I/O 设备先将数据写入第一个缓冲区，再写入第二个缓冲区。在写第二个缓冲区时，CPU 可从第一个缓冲区取出数据。当取走第一个缓冲区后，若第二个缓冲区已写完，则继续读取第二个缓冲区中的数据，而此时 I/O 设备又可以将数据写入第一个缓冲区。如此循环继续，可加快数据输入输出速度，提高设备的利用率。

双缓冲技术具有以下特点：

① 缓冲区有两个单位的数据块，以实现数据的传送。

② 两个数据块可交替使用，提高了 CPU 和 I/O 设备的并行工作能力。

③ 可实现数据的双向传送，如一个数据区块用于输入，另一个则用于输出。

④ 适用于输入输出速度基本相匹配的情况，若传输数据量较大，或速度较大，双缓冲区效率较低。

（3）循环缓冲

循环缓冲是指 CPU 和 I/O 设备之间设置多个大小相同的缓冲区，它们之间通过指针链接方式构成一个循环缓冲区，其中每个缓冲区中有一个链接指针指向下一个缓冲区，最后一个缓冲区指针指向第一个缓冲区，如图 6-13 所示。

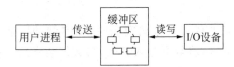

图 6-13　循环缓冲的工作方式

　　循环缓冲区工作时,需要设置首指针 in 和尾指针 out,其中 in 指针用于指向可以写入数据的第一个空缓冲区,而 out 指针用于指向可以读取数据的第一个满缓冲区,它们的初值均为 0。数据输入过程中,输入进程不断地向空缓冲区(in 所指向的单元)输入数据。每写入一块数据,in 指针后移,而计算进程则从 out 指向的位置读取数据进行计算,out指针后移。数据输出过程与此相反。

　　循环缓冲技术具有以下特点:

　　① 缓冲区内部有多个单元的数据块,可以存放较多的数据。

　　② 读写操作可同时进行,因而适用于速度不相匹配场合和某种特定的 I/O 进程和计算进程。

　　③ 循环缓冲属于专用缓冲区,若系统中有多个缓冲区,则需要消耗大量的内存空间,降低内存的使用效率。

　　(4) 缓冲池

　　上述三种缓冲区都属于专用缓冲,其利用率较低。缓冲池是一种可供多个进程共享的缓冲区。缓冲池的结构如图 6-14 所示,它包括四种工作缓冲区:用于收容输入数据的工作缓冲区 hin、用于提取输入数据的工作缓冲区 sin、用于收容输出数据的工作缓冲区hout 和用于提取输出数据的工作缓冲区 sout。为管理方便,缓冲池将具有相同类型的缓冲区链接成一个队列。

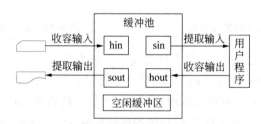

图 6-14　缓冲池的工作方式

整个缓冲池中共有三个队列:

　　① 空白缓冲队列:指由空白缓冲区所链接而成的队列。

　　② 输入队列:指由装满输入数据的缓冲区所链接而成的队列。

　　③ 输出队列:指由装满输出数据的缓冲区所链接而成的队列。

缓冲池中的缓冲区主要有四种工作方式:

　　① 收容输入:当输入进程需要输入数据时,从空缓冲区队列的队首取一个空缓冲区,作为收容输入工作缓冲区,将数据输入其中,待数据装满后,将其挂到输入队列队尾。

　　② 提取输入:当计算进程需要输入数据时,从输入队列取出一个装满输入数据的缓冲区,作为提取输入工作缓冲区,并从中提取数据,取后将其挂到空白缓冲区队列的队尾。

　　③ 收容输出:当计算进程需要输出数据时,从空缓冲区队列的队首取一个空缓冲区,作为收容输出工作缓冲区,将数据写入其中,待数据装满后,将其挂到输出队列队尾。

　　④ 提取输出:当输出进程需要输出数据时,从输出队列取得一个装满输出数据的缓

冲区,作为提取输出工作缓冲区,并从中提取数据,取后将其挂到空白缓冲区队列的队尾。

缓冲池具有以下三个特点:

① 缓冲池结构复杂,包含多个可供若干个进程共享的缓存区。

② 缓冲池可同时用于输入和输出(即共享使用)。

③ 缓冲池减少了内存空间的消耗,提高了内存的利用率。

6.6.3 假脱机技术

1. 假脱机技术

引入脱机输入输出技术的目的是缓和高速 CPU 和低速 I/O 设备之间的速度不匹配的矛盾。它主要利用专门的外围控制机,将低速 I/O 设备上的数据传送到高速磁盘,或者相反。这样当 CPU 需要输入数据时,便可直接从磁盘中读取,极大地提高了输入速度;CPU 需要输出数据时,直接将数据输出到磁盘,便可做其他事情。

假脱机输入输出技术(SPOOLing)是指利用一道程序模拟脱机输入时的外围控制机的功能,将低速 I/O 设备上的数据传送到高速磁盘上;并利用另一道程序模拟脱机输出时外围控制机的功能,将数据从磁盘传送到低速 I/O 设备上。这样,系统便可在主机的直接控制下,实现脱机输入、输出功能。由此可知,SPOOLing 技术是一种可将一台独占设备改造成共享设备的行之有效的方法。

2. SPOOLing 的组成

假脱机技术由输入井和输出井、输入缓冲区和输出缓冲区、输入进程和输出进程、井管理程序组成,如图 6-15 所示。

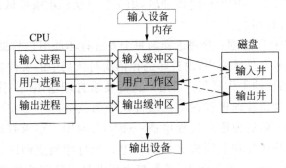

图 6-15　SPOOLing 系统的组成(虚线为用户进程的处理,实线为输入进程和输出进程的处理)

(1) 输入井和输出井。这是磁盘上的两个存储区,其中输入井是模拟脱机输入时的磁盘,用于收容输入设备输入的数据;输出井是模拟脱机输出时的磁盘,用于收容用户程序的输出数据。

(2) 输入缓冲区和输出缓冲区。这是内存中的两个缓冲区,其中输入缓冲区用于暂存由输入设备送来的数据,以便传送到输入井;输出缓冲区用于暂存从输出井送来的数据,以便传送到输出设备。

(3) 输入进程和输出进程。输入进程模拟脱机输入时的外围控制机,将用户要求的数据从输入设备,通过输入缓冲区送到输入井。待 CPU 需要数据时,直接从输入井读入内存。输出进程模拟脱机输出时的外围控制机,将用户要求输出的数据从内存送到输出井。待输出设备空闲时,再将输出井中的数据,经过输出缓冲区送到输出设备。

(4) 井管理程序。用于控制进程与磁盘井之间信息的交换。当进程执行过程中发出 I/O 操作请求时,由系统调用井管理程序,由其控制从输入井读取信息或将信息输出至输出井。

3. SPOOLing 的特点

SPOOLing 技术是对脱机输入输出工作的模拟,它的特点如下:

(1) 提高了 I/O 速度。将低速 I/O 设备的 I/O 操作转变为磁盘缓冲区的数据存取,从而提高了 I/O 速度,缓和了 CPU 和 I/O 设备之间速度不匹配的矛盾。

(2) 将独占设备改造为共享设备。SPOOLing 打印系统没有为任何进程分配设备,只是在磁盘缓冲区中为进程分配空闲盘块,从而将独占设备改造成共享设备。

(3) 实现了虚拟设备功能。虽然多个进程同时使用一台独占设备,但每个进程感觉独占了一个设备,从而实现了将独占设备变换为若干台对应的逻辑设备的功能。

4. 假脱机打印机系统

SPOOLing 技术可将打印机由独占设备改造为一台可供多个用户共享的打印设备,从而提高了设备的利用率。假脱机打印机系统主要由三个部分组成。

(1) 磁盘缓冲区:磁盘上的一个存储空间,用于暂存用户程序的输出数据,该缓冲区包含几个盘块队列,如空盘块队列、满盘块队列等。

(2) 打印缓冲区:内存中的一个缓冲区,用于暂存从磁盘缓冲区送来的数据,以后再传送给打印设备进行打印。

(3) 管理进程和打印进程:管理进程为每个要求打印的用户数据建立一个假脱机文件,并把它放入假脱机文件队列中,由打印进程依次对队列中的文件进行打印。

假脱机打印机系统的工作过程:当用户进程要求打印输出时,系统不是立即将打印机分配给该进程,而是由管理进程在磁盘缓冲区中为其分配一个空闲区域,并将要打印的数据送入其中暂存,随后为用户进程申请一张空白的用户请求打印表,将用户的打印要求填入其中,再将该表挂到假脱机文件队列上。当打印机空闲时,打印进程从假脱机文件队列的队首取出一张请求打印表,根据表中要求将要打印的数据由输出井传送到内存缓冲区,再交付打印机进行打印。

6.7 存 储 设 备

外部存储器(外存)是计算机用于长期存储信息的设备。典型的外存有磁带、磁盘、光盘、U 盘等。外存的存储速度较内存慢,但比内存容量大得多,价格也相对便宜。

6.7.1 存储设备类型

根据存储设备的访问方式,外存一般可分为以磁带为代表的顺序存储设备和以磁盘为代表的直接存储设备这两大类。

1. 顺序存取设备

顺序存取设备是指存储在设备上的数据只能按存放的顺序进行存取,当前面的物理块被存取访问后,才能存取后续的物理块的内容。为了提高存取效率,可在顺序存取设备如磁带中相邻的两个物理块之间设置一个间隙将它们隔开,如图 6-16 所示。

图 6-16 磁带的结构

磁带设备的存取速度或数据传输率与信息密度(字符数/英寸)、磁带带速(英寸/秒)和块间间隙这三个因素有关。如果带速高、信息密度大,且所需块间隙(磁头启动和停止的时间)小,那么磁带存取速度和数据传输率也就高,反之亦然。

由磁带的顺序读写方式可知,只有当第 i 块被存取之后,才能对第 $i+1$ 块进行存取操作。因此,存取某个特定数据或物理块与该物理块到磁头当前位置的距离有很大关系。若相距甚远,则要花费很长时间来移动磁头,效率不高。当顺序存取大量数据时,磁带的存取效率较高。

2. 直接存取设备

顺序存取设备是指存储在设备上的数据可以直接存取,无须考虑其存储次序。典型的直接存取设备包括磁盘、光盘等。由于磁盘容量大,且存取速度快,因此现代计算机系统中都配置了磁盘存储器,用于存储文件。磁盘的访问顺序、I/O 速度的高低和磁盘系统的可靠性都将直接影响到系统性能。

(1)磁盘性能简述

磁盘设备是一种相当复杂的机电设备。这里仅对磁盘的某些性能,如数据的组织、磁盘的类型和访问时间等扼要介绍。

磁盘设备可包含一个或多个物理盘片,每片分为两个存储面(如图 6-17 所示),每个盘面有若干个磁道(典型值为 500~2000),各磁道之间留有必要的间隙。为处理方便,每条磁道上可存储相同数目的二进制位。这样,磁道密度即每英寸中所存储的位数,显然内层磁道的密度较外层磁道的密度高。每条磁道又划分成若干个扇区,其中软盘大约为 8~32 个扇区,而硬盘则多达数百个扇区,每个扇区的大小相当于一个盘块,各扇区之间保留一定的间隙。图 6-17 显示了一条磁道分成 8 个扇区的情况。一个物理记录存储在一个扇区上,磁盘上能存储的物理记录块数目由扇区数、磁道数以及磁盘面数决定。例如,假设某磁盘共有 8 个双面可存储的盘片,每面有 16383 条磁道(也称柱面),每条磁道有 63 个扇区,则该磁盘的容量为 10GB。

(2)磁盘的类型

磁盘可从不同的角度进行分类,如硬盘和软盘、单片盘和多片盘、固定头磁盘和活动

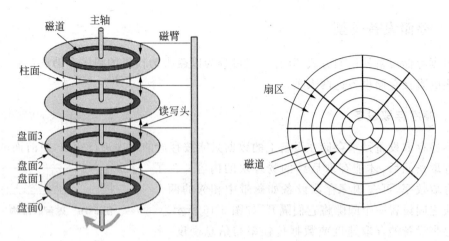

图 6-17　磁盘驱动器和磁盘的结构

头（移动头）磁盘等。

① 固定头磁盘：每条磁道上都有一个读/写磁头，所有磁头都被装在一个刚性磁臂中。通过这些磁头可访问所有磁道，它们能同时读/写，有效地提高了磁盘的 I/O 速度。这种结构主要用于大容量磁盘。

② 移动头磁盘：每个盘面只有一个读/写磁头，也被装入磁臂中。这个磁头可在盘面上来回移动，寻找合适的磁道，访问该盘上的所有磁道数据。可见，移动磁头仅能串行地读/写，致使其 I/O 速度较慢，但由于其结构简单，故仍广泛应用于中小型磁盘设备中。

（3）磁盘访问时间

磁盘工作时以恒定速率旋转。磁头必须移动到指定的磁道上，并等待所指定的扇区的开始位置旋转到磁头下，才能开始读或写数据。因此，磁盘的访问时间分为三部分：

① 寻道时间：指把磁头移动到指定磁道上所经历的时间，它包含磁臂的启动时间和磁头移动到指定磁道的时间。

② 旋转延迟时间：指扇区移动到磁头下面所经历的时间。不同的磁盘类型，旋转速率也不尽相同，如软盘为 300r/m，硬盘一般为 7500r/m。

③ 传输时间：指将数据从磁盘读出或向磁盘写入数据所经历的时间，它与每次读写的字节数和旋转速度相关。

给定一个磁盘，其磁臂启动时间、磁盘旋转延迟时间、数据传输时间都是固定的。因此，磁盘访问时间主要由寻道（磁头移动到指定磁道）时间决定。

6.7.2　磁盘驱动调度算法

磁盘主要用于存储文件。同一时刻系统中可能会有许多磁盘访问请求，每个请求读、写其中一块数据。磁盘调度算法按照一定策略来确定访问请求服务的次序。磁盘调度算法的目标是使磁盘的平均寻道时间最少，其设计应考虑两个基本因素：

（1）公平性：每个磁盘访问请求应当在有限的时间之内得到满足。

（2）高效性：减少设备机械运动所带来的时间开销。

目前常用的磁盘调度算法有：先来先服务、最短寻道时间优先及扫描等算法。

1. 先来先服务（FCFS）

先来先服务算法是指根据提出磁盘访问请求的先后次序进行调度。例如，假设当前磁头正在 67 号磁道上，其前一个访问的磁道为 43 号，现在同时有若干磁盘访问请求，它们依次要访问的磁道号为：186、47、9、77、194、150、10、135、110。按照先来先服务的策略，磁盘调度顺序为：186→47→9→77→194→150→10→135→110，平均寻道长度为 90.56，如表 6-3 所示。

表 6-3　FCFS 调度算法

访问的下一磁道号	移动距离（磁道数）
186	119
47	139
9	38
77	68
194	117
150	44
10	140
135	125
110	25

表 6-4　SSTF 调度算法

访问的下一磁道号	移动距离（磁道数）
77	10
47	30
10	37
9	1
110	101
135	25
150	15
186	36
194	8

先来先服务调度算法是最简单的磁盘调度算法，其优点是容易实现、公平合理，每个请求都能依次得到处理，不会出现请求长期得不到满足的情况。但该算法未对寻道进行优化，效率不高，致使平均寻道时间可能较长，如相邻两次请求可能会造成最内到最外的柱面寻道，致使磁头反复移动，不利于机械的寿命。

2. 最短寻道时间优先（SSTF）

最短寻道时间优先算法将磁头移动距离的大小作为优先的因素，即选择离当前磁头最近的磁道为其服务。例如，对于前面的请求队列，最靠近 67 号磁道的访问请求是 77 号，故选择 77 号磁道服务后；下一个离磁头最近的是 47 号磁道；离 47 号磁道距离最近的是 10 号磁道；离 10 号磁道最近的是 9 号磁道；如此继续，依次选择 110、135、150、186 和 194 号磁道，故采用最短寻道时间优先调度算法的服务顺序是：77→47→10→9→110→135→150→186→194，其平均寻道长度为 29.22，如表 6-4 所示。

最短寻道时间优先算法使那些靠近磁头当前位置的访问请求可及时得到服务，防止了磁头大幅度来回摆动，减少了磁道平均查找时间；但该算法没考虑磁头移动的方向，也没有考虑访问请求在队列中的等待时间，从而可能使移动臂不断地改变方向，导致离磁头较远的访问请求在较长时间内得不到服务。

3. 扫描算法（SCAN）

扫描算法是选择磁盘访问请求队列中沿磁头前进方向且最接近于磁头所在磁道的

访问请求作为下一个访问服务对象。该算法不仅考虑了访问磁道与当前磁头所在磁道的距离,同时还考虑了磁头的移动方向,从而避免了出现"饥饿"现象。由于扫描算法中磁头移动的规律颇似电梯运行,故也称为电梯调度服务。例如,对于前面的请求队列,采用扫描算法的服务顺序为:77→110→135→150→186→194→47→10→9,平均寻道时间为 34.67,如表 6-5 所示。

<table>
<tr><td colspan="2">表 6-5　SCAN 调度算法</td><td colspan="2">表 6-6　CSCAN 调度算法</td></tr>
<tr><td>访问的下一磁道号</td><td>移动距离(磁道数)</td><td>访问的下一磁道号</td><td>移动距离(磁道数)</td></tr>
<tr><td>77</td><td>10</td><td>77</td><td>10</td></tr>
<tr><td>110</td><td>33</td><td>110</td><td>33</td></tr>
<tr><td>135</td><td>25</td><td>135</td><td>25</td></tr>
<tr><td>150</td><td>15</td><td>150</td><td>15</td></tr>
<tr><td>186</td><td>36</td><td>186</td><td>36</td></tr>
<tr><td>194</td><td>8</td><td>194</td><td>8</td></tr>
<tr><td>47</td><td>147</td><td>9</td><td>185</td></tr>
<tr><td>10</td><td>37</td><td>10</td><td>1</td></tr>
<tr><td>9</td><td>1</td><td>47</td><td>37</td></tr>
</table>

扫描调度算法简单、实用且高效,克服了最短寻道优先的缺点,既考虑了距离,同时又考虑了方向,但部分访问请求的等待时间可能很长。

4. 循环扫描算法(CSCAN)

扫描算法可能存在这样的问题,即当磁头刚从里向外(或相反)移动而越过某一磁道时,恰好又有访问请求需访问此磁道,此时该访问请求必须等待,待磁头从内向外,再从外向内扫描完位于外面的所有要访问的磁道后,才处理该磁盘访问请求,使得该访问请求被大大推迟。为了减少这种延迟,循环扫描算法规定磁头单向移动,如由内向外或相反,当磁头移到最外(最内)的磁道访问后,立即返回到最内(最外)的欲访问磁道,亦即将最小(最大)磁道号紧接最大(最小)磁道号构成循环,进行循环扫描。

例如,对于前面的请求队列,假设磁头方向由小到大,采用循环扫描算法的服务顺序为:77→110→135→150→186→194→9→10→47,平均寻道时间为 38.89,如表 6-6 所示。

5. N 步扫描算法

SSTF、SCAN 和 CSCAN 算法均可能出现"磁臂粘着"现象,即磁臂停留在某处不动的情况。例如,某些进程对某一磁道有较高的访问频率,使得这些进程反复对该磁道进行访问。为此,N 步扫描算法将磁盘请求队列分成若干个长度为 N 的子队列,磁盘调度按 FCFS 算法依次处理这些子队列。每个队列中的磁盘访问请求则按 SCAN 算法调度,磁盘访问请求处理过程中,若出现新的访问请求,则将其放入其他队列,从而避免出现粘着现象。N 步扫描算法的特点是:当 N 取很大的值时,N 步扫描算法的性能接近于 SCAN 算法;当 $N=1$ 时,N 步扫描算法则退化为 FCFS 算法。

6. FSCAN 算法

FSCAN 算法实质上是简化的 N 步扫描算法。它将磁盘访问请求队列分成两个子队列,其中一个是当前所有磁盘访问请求的进程,该队列按 SCAN 算法进行调度;另一个是调度期间所有新出现的磁盘访问请求的进程。这样,所有新出现的请求都将被推迟到下一次扫描时处理。

习　　题

1. 设备管理的主要目的是什么?

2. I/O 设备通常可分为哪两大类?

3. 设备的独立性是什么? 如何实现设备的独立性?

4. 外设与内存之间进行数据交换的方式有哪些? 简述它们的工作原理。

5. CPU 与通道是利用什么手段进行通信的? 试说明完成一次输入输出操作时,CPU 与通道的通信过程。

6. 简述输入井与缓冲池的异同。

7. 设备管理中引入缓冲技术的目的是什么? 缓冲技术的基本思想是什么?

8. 设备分配时需设置哪些数据结构? 简述设备分配的过程。

9. 虚拟设备是什么? 实现虚拟设备的基本组成是什么?

10. 试说明 SPOOLING 系统在实现时所依赖的关键技术有哪些? 若某机房有两台打印机,希望将其中的一台打印机设置为网络共享打印机,请指出此时的系统组成。

11. 活动头磁盘的访问时间包括哪几个部分?

12. 假定一个硬盘有 100 个柱面,每个柱面有 10 个磁道,每个磁道有 15 个扇区。当进程要访问磁盘的 12345 扇区时,试计算磁盘的三维物理扇区号。

13. 假设移动头磁盘有 200 个磁道(0~199 号)。目前正在处理 143 号磁道上的请求,而刚刚处理结束的请求是 125 号,下面是等待服务队列:

$$86,147,91,177,94,150,102,175,130$$

用下列各种磁盘调度算法来满足这些请求所需的总磁头移动量各是多少?

(1) FCFS;(2) SSTF;(3) SCAN;(4) CSCAN

14. 某系统文件存储空间共有 80 个柱面,20 磁道/柱面,6 块/道,每块可存放 1KB。系统采用用位示图表示物理块的分配情况,每张位示图为 64 个字,其中有 4 个字包含的是控制信息。位示图中的位的值为 1,表示已占用;值为 0 表示空闲。试给出分配和回收一个盘块的计算公式。

15. 一个磁盘有 20 柱面,16 个读写头,每个磁道有 63 个扇区。磁盘以 5400r/m 的速度旋转。相邻两个磁道之间的寻道时间为 2 ms。假定读写头在 0 磁道上,那么完成整个磁盘的读取需要花费多长时间?

第7章

chapter 7

文 件 管 理

操作系统是一种管理和控制计算机系统中软、硬件资源的系统软件。前面章节介绍的 CPU、存储器和 I/O 设备等都是硬件资源，本章将讨论软件资源的管理。现代计算机系统把软件资源作为一组相关信息的集合（称为文件）。文件系统是存取和管理信息的机构，为用户和外存之间提供接口服务。

本章主要介绍文件及文件系统的概念、文件结构与组织、文件存储空间的分配和管理、文件目录管理、文件系统的共享与安全等内容。

7.1 文件管理概述

系统在运行过程中需要处理大量的程序和数据。由于内存容量有限，且不能长期保存数据，因而程序和数据通常以文件的形式存放在外存中，待需要时可随时调入内存。以文件形式组织信息的好处是可以长期保存，以便日后使用。为此，系统提供了外存中信息的管理功能，方便用户通过文件名形式，访问并使用它们，而无须关心信息如何存放在外存以及存放在哪，这部分功能称为文件管理或文件系统。

7.1.1 文件与文件系统

1. 文件

数据项是数据最低级的组织形式，它包含基本数据项和组合数据项。基本数据项是指用于描述一个对象的某种属性的字符集，它是数据组织中可以命名的最小逻辑数据单位，又称为字段，如学号、姓名和年龄等。组合数据项由若干个基本数据项组成，如出生日期由年、月和日组成。记录是一组相关数据项的集合，用于描述一个对象在某方面的属性。例如，每个学生信息记录由学号、姓名、性别、系别、班级等数据项组成。

文件是指具有文件名的一组相关信息的集合，它描述了一个对象集合，通常由若干个记录组成。例如，一个学校的所有学生信息记录就组成了一个文件。文件一般具有类型、长度、物理位置和建立时间等属性。此外，文件还具有以下三个特点：

(1) 文件的内容是一组相关信息。

(2) 文件可长期保存在外存，且可被多次使用。

（3）文件可按名存取，每个文件都具有唯一的标识名信息。

2. 文件系统

文件系统是指系统中负责管理和存取文件的程序模块，它由文件管理所需要的数据结构（如文件控制模块、存储分配表）、相应的管理模块和文件访问的一组操作组成。下面分别从系统角度和用户角度描述文件系统。

（1）系统角度：文件系统负责组织和分配文件的存储空间，并实现文件保护，如建立、删除、读写、修改和复制文件等。

（2）用户角度：文件系统实现了按名存取，即用户保存文件时，系统根据一定的格式将用户的文件存放到外存中的适当地方；用户需访问文件时，系统根据用户提供的文件名，从外存中找到并读取所需要的文件。

文件系统可分为三个层次，即最底层的对象及其属性、中间层的对象控制和管理软件、最高层的用户接口。

（1）管理对象：包括文件、目录以及磁盘的存储空间，其中目录是为了方便用户对文件的存取和检索而引入的。

（2）对象控制和管理层：文件系统的核心，包括文件系统的大部分功能，如文件存储空间的管理、文件目录的管理、文件的地址转换（逻辑地址到物理地址）、文件读写管理、文件的共享和保护等。

（3）用户接口：系统为方便用户使用文件，以接口的形式提供一组对文件和目录操作的方法，它主要有命令接口和程序接口这两种方式。

典型的文件系统有 Linux 的 Ext2 文件系统、DOS 和 Windows 系列的 FAT 和 FAT32 文件系统、Windows NT 的 NTFS 文件系统、网络操作系统的 NFS 文件系统等。

7.1.2 文件的分类

外存中通常存放了许多文件，它们可从不同的角度进行分类，以实现方便、有效地进行管理。

1. 按性质和用途分类

按性质和用途分类文件可分为系统文件、库文件和用户文件。

（1）系统文件：指系统的应用程序和相关数据。用户可通过系统调用方式来执行系统文件，但不能对其进行读写和修改操作。

（2）库文件：指系统提供给用户使用的各种标准过程、函数和应用程序文件，它们允许用户调用、访问，但不允许修改。

（3）用户文件：指用户保存在外存中的文件和数据等，如源程序、目标程序、原始数据等，只允许文件所有者或所有者授权的用户使用。

2. 按数据形式分类

按数据形式分类文件可分为源文件、目标文件和可执行文件。

（1）源文件：指由终端或输入设备输入的原始程序和数据所形成的文件，它们一般由 ASCII 码或汉字组成。

（2）目标文件：指源文件经过编译以后，但尚未链接的目标代码所形成的文件。它们一般由二进制组成，其后缀名通常为.obj。

（3）可执行文件：指目标文件经链接程序链接后所形成的可以运行的文件。它们一般由二进制组成，其后缀名通常为.exe。

3. 按存取控制属性分类

按存取控制属性分类文件可分为只读文件、读写文件和可执行文件。

（1）只读文件：指允许文件所有者或授权用户进行读，但不允许写的文件。

（2）读写文件：指允许文件所有者或授权用户进行读、写的文件。

（3）执行文件：指允许被核准的用户调用、执行，但不允许读、写的文件。

4. 按信息流向分类

按信息流向分类文件可分为输入文件、输出文件和输入/输出文件。

（1）输入文件：指只能读入不能写入的文件，如读卡机或纸带输入机上的文件都是输入文件。

（2）输出文件：指只能写入不能读取的文件，如输出到打印机上的文件都是输出文件。

（3）输入/输出文件：指既可以读又可以写的文件，如磁带、磁盘上的文件是输入/输出文件。

5. 按组织形式和处理方式分类

按组织形式和处理方式分类文件可分为普通文件、目录文件和特殊文件。

（1）普通文件：指由 ASCII 码或二进制组成的字符文件。

（2）目录文件：指由文件目录组成的文件，通过目录文件可对其下属文件进行检索、管理等。

（3）特殊文件：指系统中的各类 I/O 设备所涉及的文件。系统为方便管理，将所有的 I/O 设备视为文件进行管理。

7.2 文件结构

文件结构是指文件的组织形式。系统中的任何一个文件都存在两种形式的结构。

（1）文件的逻辑结构：指用户所看到的文件组织形式。文件是由多个用户可直接处理的逻辑记录组成，它独立于文件的物理特性。

（2）文件的物理结构：指存储在外存上的文件组织形式。它不仅与存储介质的性能有关，而且与所采用的外存分配方式有关，它是用户所看不到的。

通常情况下，文件的逻辑机构与存储设备特性无关，而物理结构与存储设备的特性有很大关系。无论是逻辑结构,还是物理结构,都会影响文件的检索速度。

7.2.1　文件的逻辑结构

文件的逻辑结构是指用户所能看到的文件组织形式。设计一个文件的逻辑结构时,应考虑以下三个方面的要求:

(1) 有助于提高对文件及文件中记录的检索速度和效率。

(2) 方便文件的修改,即方便在文件中增加、删除和修改一个或多个记录。

(3) 降低文件存放在外存上的存放费用,尽量减少文件占用的存储空间。

文件的逻辑结构有多种分类,如按是否存在结构,可分为有结构文件和无结构文件;按组织方式,可分为顺序文件、索引文件和索引顺序文件等。

1. 按文件是否有结构分类

(1) 有结构文件

有结构文件是指由多个记录所构成的文件,故又称记录式文件。记录式文件是用户把文件内的信息按逻辑上独立的含义划分信息单位。每个单位称为一条逻辑记录,用于描述一个实体,文件中所有逻辑记录按某种原则编号为记录 1、记录 2、记录 3 等。

根据逻辑记录长度的不同,可分为定长记录和变长记录两类。

① 定长记录:指文件中所有记录的长度都相同,所有记录中的各数据项都处在记录中相同的位置,具有相同的顺序及相同的长度,文件的长度可用记录的数目表示。定长记录能有效地提高检索记录的速度和效率,方便文件处理及修改,但会导致存储空间的浪费。

② 变长记录:指文件中各记录的长度是不相同的,每条记录中包含的数据项的数量也可能不相同;此外,数据项本身的长度也不确定。变长记录文件的特点是记录组成灵活、存储空间浪费小,但其缺点是记录处理、修改不方便。

(2) 无结构文件

无结构文件是指由字符流构成的文件,故又称流式文件。流式文件中信息不再划分为独立的单位,而只由一串字符(节)流构成,文件的长度直接按字节来计算。例如,系统中的文本文件、二进制可执行文件、源程序、库函数等都是流式文件。流式文件的存取只能通过顺序访问方式,利用读写指针指出下一个要访问的字符,且需要指定起始字节和字节数。

2. 按文件的组织方式分类

(1) 顺序文件:指由一系列记录按某种顺序排列所形成的文件,其中记录可以是定长的或可变长的。

(2) 索引文件:指利用索引表组织可变长记录的文件,以加快记录的检索速度,便于文件的修改等,其中每条记录对应索引表中一个表项。

(3) 索引顺序文件:指结合索引和顺序的特点,利用索引表组织文件中的记录,其中索引表中的每个表项对应一组记录中的第一条记录。

7.2.2 文件的物理结构

文件的物理结构(又称存储结构)是指一个文件在外存上的存储组织形式。为了有效地管理文件存储空间,系统通常将外存划分为若干个大小相同的物理块,并将物理块作为外存空间分配及传输信息的基本单位。物理块的大小与设备有关,一般是固定的,如磁带或磁盘中物理块的大小通常为512B或1024B。

物理块的大小与逻辑记录的大小无关,一个物理块可存放若干个逻辑记录,一个逻辑记录也可存放在若干物理块中。为了有效地利用外存空间和便于管理,文件信息通常也被划分为与物理存储块大小相等的逻辑块。不同的物理块的组织方式将形成不同的文件物理结构。常用的物理块组织方式如下:

(1) 顺序结构:指系统为每个文件分配一片连续的外存空间,由此形成的文件的物理结构是顺序式的文件结构,该结构适用于纸带、磁带等顺序存储设备。

(2) 链接结构:指系统为每个文件分配不连续的外存空间,通过链接指针将一个文件的所有物理块链接在一起,由此形成的文件的物理结构是链接式的文件结构,该结构适用于磁盘、光盘等随机存储设备。

(3) 索引结构:指系统为每个文件分配不连续的外存空间,通过索引表方式将所有物理块组织在一起,由此形成的文件的物理结构是索引式的文件结构,该结构适用于磁盘、光盘等随机存储设备。

1. 顺序结构

顺序结构是指将一个在逻辑上连续的文件信息依次存放在外存的连续物理块中,即所谓的逻辑上连续,物理上也连续,故又称连续结构。顺序文件是指以顺序结构存放的文件。顺序文件中逻辑记录顺序与外存中文件占用物理盘块号的顺序一致。为方便系统找到文件存放的地址,应在目录项的"文件物理地址"中记录该文件第一个记录所在的物理盘块号和文件长度(以盘块为单位)。如图7-1所示,给出了顺序结构方式,其中文件file1的第一个盘块号为0,其长度为2,即第0个和第1个物理盘块号存放了文件file1的数据。

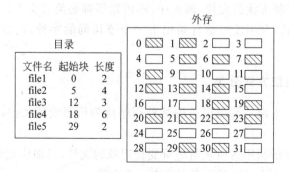

图 7-1 顺序结构

顺序结构的主要优点如下:

（1）访问方便：顺序文件访问容易，只需从目录中找到顺序文件的第一个物理盘块，就可以逐个读取存放在其余物理盘块中的数据。

（2）访问速度快：顺序文件所占用的物理盘块位于一条或几条相邻的磁道上，磁头的移动距离最少，因而访问速度最快。

顺序结构的主要缺点如下：

（1）文件的存储空间需连续：顺序文件分配时要求一片连续的外存空间，这会产生许多碎片，降低了外存的利用率，尽管紧凑方法可消除碎片，但需花费大量时间。

（2）文件的长度需事先确定：顺序文件存储前需事先确定其长度，以分配相应的存储空间。若估计的长度太大，则将浪费存储空间；若太小，则会因存储空间不足而终止文件存储。

（3）记录的增加与删除不方便：顺序文件需确保文件中记录的有序性，因而插入、删除记录时都需要移动相邻记录的物理存储位置，且会动态改变文件的大小。

2. 链接结构

链接结构是指将文件信息存放多个离散的物理盘块中，并采用链接组织方式，将这些离散的物理盘块通过链接指针，链接成一个链表，故又称串联结构。采用链接结构存放的文件称为链接文件或串联文件。

链接结构的主要优点如下：

（1）减少了外存碎片，提高了外存的利用率。

（2）插入、删除和修改记录方便，无须移动文件记录的物理存放位置。

（3）有利于文件的动态增长，无须事先确定文件的大小。

链接方式又可分为隐式链接和显式链接这两种形式。

（1）隐式链接

隐式链接是指文件目录中的每个目录项中都含有指向链接文件的第一个物理盘块和最后一个物理盘块的指针。如图 7-2 所示，给出了文件 file1 和 file2 的隐式链接结构，其中文件目录中给出了 file1 的第一个物理盘块号 0，物理盘块 0 中给出了第 2 个物理盘块号 9，第 9 个物理盘块号指向文件的第 3 个物理盘块号 26，第 26 个块号又指向第 3 个块，第 3 个指向该文件的终止物理块号，即第 2 个物理盘块号。

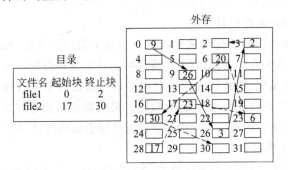

图 7-2   隐式链接结构

隐式链接结构的特点是适合于顺序访问,但不适合于随机访问,即随机访问效率很低。例如,若要访问文件的第 i 块,则需先顺序地读取第 1 块、第 2 块……第 $i-1$ 块,直至第 i 块。此外,该结构的可靠性较差,若其中任何一个指针出现问题,都会导致整个链断开。

为了提高检索速度和减少指针所占用的存储空间,可将几个物理盘块组成一个簇,并以簇为单位分配给文件。链接文件中的每个元素也是以簇为单位的,这会成倍减少查找指定块的时间和指针所占用的存储空间,但会增加内部碎片。

(2) 显式链接

显式链接是指用于链接文件各物理块的指针显式地存放在内存的一张链接表中。该链接表称为文件分配表(FAT),整个磁盘中仅设置一张,记录了系统分配给文件的所有物理盘块号。其中每个表项存放了链接指针,指向下一个盘块号。在文件目录中指向该文件的第一个盘块号,如图 7-3 所示。

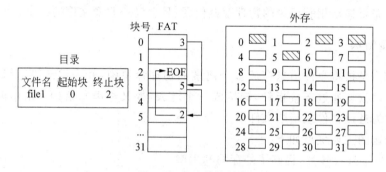

图 7-3　显式链接结构

显式链接结构的特点是大大减少了访问磁盘的次数,显著地提高了检索速度及效率,但其缺点与隐式链接结构相同,即可靠性较差,不便随机访问,以及 FAT 需占据一定的存储空间等。

3. 索引结构

(1) 单级索引

链接结构虽然解决了顺序结构所存在的问题,但也存在两个不足:

① 无法高效地直接访问。

② FAT 需占用较大的内存空间。

由于一个文件所占用的物理盘块号随机分布在 FAT 中,因此,每次访问一个文件,都需要将整个 FAT 装入内存。为此,索引结构是指为每个文件分配一个索引表(块),记录该文件的物理盘块分配情况,即将该文件所对应的物理盘块号集中放在一起,并将该索引表存储在一个物理块中(该物理块也称为索引块)。采用索引结构存放的文件称为索引文件。文件目录中需要在该文件的相应表项中包含指向该索引块的指针,如图 7-4 所示。

索引结构的主要优点如下:

- 支持直接访问:当需要读取文件的第 i 块时,只需从索引块中找到第 i 个物理盘块号即可。

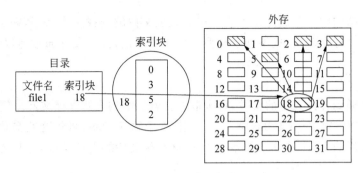

图 7-4 单级索引结构

- 不会产生外部碎片。
- 便于文件的动态变化：当文件长度发生变化时，只需修改索引块中的内容即可。

索引结构的主要缺点是不利于中、小型文件。由于每个文件都需要分配一个索引块，以将文件所占用的物理盘块号记录其中，而中、小型文件通常只占用很少的物理盘块，但仍需分配一个索引块，从而导致索引块的利用率较低。

（2）多级索引

当文件较大时，系统需分配多个索引块，此时文件记录的检索访问效率较低。为此，一种较好的解决办法是采用多级索引。多级索引是指首先为大文件分配多个索引块，然后再为这些索引块建立一级索引，即分配一个新的索引块（称为第一级索引），用于保存第一块、第二块等索引块的物理盘块号（为检索方便，第一个索引块中的所有盘块号应小于第二个索引块中的所有盘块号，依此类推），这样形成两级索引结构方式。如果文件非常大，还可用三级、四级索引结构方式。

如图 7-5 所示，给出了两级索引结构方式下个索引块之间的链接情况。如果每个物理盘块的大小为 2KB，每个盘块号占 4 个字节，那么一个索引块中可存放 512 个盘块号。若采用两级索引结构方式，则最多可包含的存放文件的物理盘块号的总数为 $512 \times 512 = 256K$ 个。因此，系统所允许的文件最大长度为 $2KB \times 256K = 512MB$。

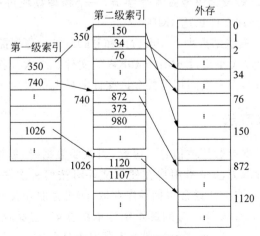

图 7-5 二级索引结构

多级索引结构的主要优点是大大加快了大型文件的查找速度,但其缺点是访问一个盘块时需要启动外存多次,这不利于小型文件。实际情况中,文件通常是以中、小型文件居多。

(3) 混合索引

为了能照顾到各种大小的文件,可采取混合索引结构方式存储文件。例如:

① 小型文件:由于小文件最多只会占用 10 个物理盘块,可将这些盘块号(即地址)直接放入该文件的 FCB(或索引结点)中,从而实现文件的直接访问,这种方式称为直接寻址。

② 中型文件:对于中型文件,可采用单级索引结构方式组织文件的存储空间,此时,文件的访问应先从 FCB 中读取索引表(即索引块),再从中获取相应的物理盘块号,这种方式也称为一次间接寻址。

③ 大型或特大型文件:对于大型或特大型文件,可采用两级或三级索引方式组织文件的存储空间,此时,文件的访问应先从 FCB 中读取第一级索引表(即索引块),再依此从索引表中查找相应的物理盘块号,故这种方式也称为二次间接寻址或三次间接寻址。

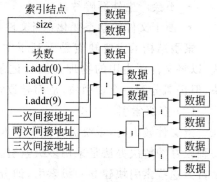

图 7-6　混合索引结构

UNIX 系统就采用了混合索引结构方式,其在文件的索引结点中设置了 13 个地址项,即 i. addr(0)~i. add(12),如图 7-6 所示。

- 直接地址:索引结点中设置了 10 个直接地址项,即 i. addr(0)~i. add(9),用于存放直接盘块号。若每个物理盘块大小为 4KB,则当文件不大于 40KB 时,便可直接从索引结点中读出该文件的全部物理盘块号。

- 一次间接地址:索引结点中的 i. addr(10)提供一次间接地址,其中存放了索引块(表)的盘块号。假设盘块号占 4 个字节,一个物理盘块可存放 1K 个盘块号,则一次间接地址允许文件长达 4MB。

- 多次间接地址:索引结点中 i. addr(11)和 i. addr(12)分别提供二次和三次间接寻址方式,用于存放大小超过 4MB+40KB 的文件。二次间接寻址中,允许文件的最大长度为 4GB,而三次间接寻找允许文件的最大长度为 4TB。

7.2.3　文件的存取方法

文件的基本作用是保存数据或信息。因此,当需要数据时,需将文件装入内存,以进行相关处理。文件的存取方法是指用户在使用文件时按何种次序访问文件。根据文件物理结构的不同,文件存取方法通常包括顺序存取、随机存取和按键存取。

(1) 顺序存取:指按照文件信息的逻辑顺序依次存取,它反映了逻辑记录的排列顺序,如当前存取的第 R 个记录(或字节),则下次存取的是第 $R+1$ 个记录(或字节)。该存取方式适合于顺序文件和链接文件。

（2）随机存取：指允许系统或用户不按顺序地存取文件中的任何一个记录或数据，如可根据逻辑记录编号随机存取文件中的任意一个记录，或者是根据存取命令把指针移到相应位置读取相关数据。这种存取方式又称直接存取，适合于索引文件。

（3）按键存取：指根据文件记录中的数据项（通常称为键）的内容进行存取，而不是根据记录号或地址进行存取。这种存取方式实质上也是随机存取，适合于索引文件或哈希文件，在数据库管理系统中广泛使用。

7.2.4 记录成组和分解

由于文件的大小根据应用需求由其所包含的信息内容的长度所决定，而外存中的物理盘块的大小根据外存的特点由操作系统初始化时确定，从而导致文件的逻辑记录的大小与物理盘块的大小可能不一致。若逻辑记录的长度比物理盘块小很多，则一个物理块中只存放一条逻辑记录会浪费大量的外存空间。因此，文件在存储时需考虑逻辑记录与物理块之间的映射关系。映射过程中，可将逻辑记录按物理盘块的大小进行相应处理。处理方式通常包括记录的成组和记录的分解，如图 7-7 所示。

图 7-7 记录的成组与分解

（1）记录的成组：指将多条逻辑记录组织成一条物理记录（即物理盘块），以存储到具体的物理设备中。

（2）记录的分解：指从物理设备中读取一个物理盘块（即物理记录），并将所需要的逻辑记录从多条逻辑记录分离出来。

1. 记录成组

记录成组是指把若干条逻辑记录合并成一组，以保存至一个物理块的过程。由于逻辑记录的长度与存储介质的物理盘块的大小通常不相同，为了适应存储设备以物理块为单位的数据访问，系统采用缓冲技术实现记录成组功能。具体地，系统根据存储设备中的物理盘块的大小，在内存中划出若干个大小相同的缓冲区，作为输入/输出缓冲区。用户需要保存或写数据时，先把逻辑记录的内容送入内存缓冲区，当缓冲区中的内容达到整数块时，系统统一将缓冲区的数据存储至存储介质中。用户需要读取数据时，先从存储介质中读取整数据块的数据，放入缓冲区，再从缓冲区中找到所需要的记录数据。

假设物理块的大小是逻辑记录的 3 倍，记录成组过程如图 7-8 所示。系统在内存中划分缓冲区，其中每块缓冲区（又称逻辑块）的大小与物理块相同。每三条逻辑记录组合在一起，形成一个逻辑块，暂时存放在缓冲区中。当数据写满后，系统将每个逻辑块作为一条物理记录存放到外存的一个物理块。这些物理块可能相邻，也可能不相邻。根据一条逻辑记录是否允许存储在不同的物理块中，记录成组可分为跨块方式和不跨块方式，其中跨块方式允许一条逻辑记录存储于两个物理块，而不跨块方式则不允许一条逻辑记录存储于两个物理块上。

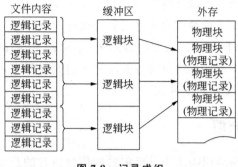

图 7-8　记录成组

2. 记录分解

记录分解是指从一条物理记录中将所需要的逻辑记录分离出来的过程。逻辑记录成组存放到物理存储介质后,若用户需要某条逻辑记录时,必须把含有该逻辑记录的整个物理块信息从存储介质中读取出来,再从这一组逻辑记录中找出用户所需要的逻辑记录,以便进一步处理。记录分解的过程如图 7-9 所示,其与记录成组过程正好相反。

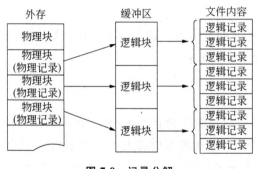

图 7-9　记录分解

记录成组与分解有效地减少存储设备的启动次数,提高了存储空间的利用率,但由于需要在内存中设置缓冲区,从而增加了系统开销。

7.3　存储空间管理

为实现文件的组织方式,系统需为文件分配相应的物理盘块。因此,除了文件分配表外,系统还应设置磁盘分配表,用于记录可供分配的磁盘存储空间情况。文件使用完成后,还应回收其所占据的存储空间。文件存储空间管理是指如何分配、回收、管理外存中的文件信息所存放的空间。文件存储空间的基本分配单位是物理盘块或簇(由多个连续的物理盘块组成)。

7.3.1　存储空间的分配

　　文件存储空间的分配是指根据需求,提供必要的外存存储空间,以存储文件信息。一般而言,文件存储空间的两种分配方式:静态分配和动态分配,其中静态分配是指一次性分配给文件所需要的全部空间;而动态分配则是根据文件长度进行动态分配。常用的文件存储空间的分配方法包括连续分配、链接分配和索引分配。

　　(1)连续分配:指为文件分配连续的外存存储空间。该分配方法在分配空间时,先根据文件大小,判断外存中是否有足够大的连续存储空间,若有,则分配给文件;否则就不分配。连续分配的优点是查找速度快,分配与回收容易,但缺点是需事先知道文件大小,不适合文件的动态增长,且容易产生碎片问题,故需要定期采用空间紧缩策略。

　　(2)链接分配:指按文件的要求分配若干个物理盘块(可以不相邻),同属一个文件的各盘块按文件记录的逻辑次序用链接指针连接起来。链接分配的优点是消除了碎片问题,但查寻速度较慢,且链接指针需占用存储空间。一种常用的解决策略是以簇(由多个连续的物理盘块组起)为单位进行链接分配。

　　(3)索引分配:指为每个文件分配一个索引块,存放分配给该文件物理盘块的索引表,索引表中每个表项对应分配给该文件的一个物理盘块。索引分配的优点是支持随机访问,且不会产生外部碎片问题,但缺点是增加了用于存储索引表的开销。

7.3.2　存储空间的管理

　　为了实现文件存储空间的分配,系统应提供外存中空闲存储空间情况。常用的空闲存储空间的管理方法有:空闲表、空闲链表、位示图和成组链接法。

1. 空闲表法

　　空闲表法属于连续分配方式,它与内存的动态分配方式相似,即为每个文件分配一个连续的存储空间。

　　(1)空闲表

　　空闲表指系统为外存上的有所空闲盘块建立一个表格,用于记录空闲区块的使用情况,其中每个表项对应一个空闲区块,表项的内容包括表项序号、该空闲区的第一个盘块号(或物理地址)、该区的空闲盘块数目等信息。空闲表中,所有空闲区按其起始盘块号递增的顺序排列,如表 7-1 所示。

表 7-1　空闲表

序号	第一个空闲盘块号	空闲盘块数
1	2	8
2	16	6
3	50	18
4	80	6
⋮	⋮	⋮

（2）存储空间的分配与回收

空闲表的管理方式中，空闲盘区的分配与内存的动态分区分配类似，即可采用首次适应算法、最佳分配算法和最坏分配算法等。文件新创建时，系统先顺序检索空闲表的各表项，找到第一个其大小能满足该文件要求的空闲区，再将该盘区分配给该文件，同时修改空闲表。空闲表修改过程中，若空闲区的大小与文件申请的大小相等，则将该表项从空闲表中删除；若大于文件的申请容量，则修改该表项，其中一部分分配给文件，剩余的仍然留在空闲表中。

文件被删除或撤销而释放存储空间时，系统应回收该文件所占用的存储空间。存储空间的回收与内存回收一致，也可采用相同方式。若回收的盘区与表中空闲盘区邻接，则合并为一个大的空闲盘区；若回收的盘区与表中空闲盘区不邻接，则增加一个空表项，将回收盘区的第一个物理块号及所占的块数填入该表项中。

连续分配方式尽管在内存分配中已较少采用，但由于具有较高效率且能减少磁盘I/O访问频率，因此在外存管理中仍然采用。

2. 空闲链表法

空闲链表法属于链接分配，它是一种离散的分配方式。

（1）空闲盘块（区）链

空闲盘块（区）链是指系统采用链接指针方式，将外存中所有空闲盘块（区）链接在一起，形成一条空闲链，其中链表的头指针指向空闲链的第一个物理盘块（区），每个空闲块（区）均有指向后继的空闲盘块（区）的指针，且最后一个物理块（区）的指针为空。根据构成链所用的分配单位不同，空闲链表可分为空闲盘区链和空闲盘块链。

空闲盘区链中，每个盘区的大小可能不相同，因而需给出本盘区的大小（即盘块数）。

空闲盘块（区）链的管理方法与文件的链接结构类似，不同之处在于空闲盘块（区）链中的所有盘块（区）都是空闲块（区），而非已分配给文件的物理盘块（区）。

（2）存储空间的分配与回收

空闲盘块（区）链的管理方式中，空闲盘块（区）的分配可采用首次适应算法。文件新创建时，系统从链首开始，依次摘下适当数量的空闲盘块（区）分配给该文件。

文件被删除或撤销而释放存储空间时，系统应回收该文件所占用的存储空间。针对不同的组织方式，采用的回收方式也可以不相同。对于空闲盘块链，回收时可将回收的盘块一次性链接到空闲盘块链的末尾即可，此方式的优点是分配和回收简单，但效率较低，且链表会很长；对于空闲盘区链，回收时需要考虑回收的盘区是否与链中的空闲盘区相邻接，若相邻，则需要合并，此方式的优缺点正好与空闲盘块链相反，即分配与回收过程较复杂，但效率较高，且链表较短。

3. 位示图法

（1）位示图

位示图是指利用二进制中每一位的值表示物理盘块的分配情况，如"0"表示对应的盘块空闲，"1"表示对应的盘块已分配。位示图法就是为整个外存存储空间设立一张位

示图,其中所有盘块都有一个二进制位与之对应。位示图的大小由外存存储空间的大小
(物理盘块总数)确定,通常可表示成 $m \times n$ 的二维
形式(如图 7-10 所示),代表外存中共有 $m \times n$ 个物
理盘块。

0	1	2	3	4	..	11	12	13	14	15	16
0	1	0	1	0	..	0	1	1	1	1	0
0	0	0	0	1	..	1	0	0	1	1	1
1	1	1	0	1	..	0	1	0	0	0	0
					...						
1	1	0	0	0	..	1	1	1	0	1	1

图 7-10 位示图

(2) 存储空间的分配与回收

位示图的管理方式中,空闲盘块的分配过程包
含四个步骤:

(1) 顺序扫描位示图,找出一个或一组值为"0"
的二进制位。

(2) 将找到二进制位转换为与之对应的物理盘块号,假设值为"0"的二进制位为位示
图的第 i 行、第 j 列,则其对应的盘块号为 $(i-1) * n + j$,其中 n 为每行的位数。

(3) 将该物理盘块分配给文件。

(4) 修改位示图,将该二进制位的值修改为"1",表示已分配。

文件被删除或撤销而释放存储空间时,系统应回收该文件所占用的存储空间。盘块
的回收过程包含两个步骤:

(1) 将回收盘块的盘块号 p 转换为位示图中的行号和列号,转换公式为:
$$i = (p-1)/n + 1, j = (p-1) \bmod n + 1;$$

(2) 修改位示图,将对应的二进制位的值修改为"0",表示空闲。

位示图法的主要优点是从位示图中很容易找到一个或一组相邻接的空闲盘块。此
外,位示图一般很小,占用空间少,因而可存放在内存中,节省了外存的启动次数。位示
图常用于微型机和小型机中。

4. 成组链接法

当外存存储空间较大时,空闲表或空闲链表通常较长,故空闲表法和空闲链表法不
适合大型文件系统。成组链接法将两者相结合,兼备了它们的优点而克服了它们均有的
表或链太长的缺点。成组链接法是 UNIX、Linux 等大型文件系统采用的空闲盘块管理
方法。

(1) 空闲盘块的组织

成组链接法中,空闲盘块的组织方式如图 7-11 所示,具体实现步骤如下:

① 所有空闲盘块分为若干组,每组有 100 个空闲块,其中第一个空闲盘块记录了该
组中空闲盘块的块号、空闲盘块总数和下一组空闲盘块的盘块号。例如,假设外存共有
10000 个空闲盘块,每块大小为 1KB,其中第 201～7999 号用于存放文件,则该区第 1 组
为♯201～♯300、第 2 组为♯301～♯400……最后一组为♯7901～♯7999,如图 7-11
所示。

② 将每一组含有的盘块总数、该组中所有的盘块号,保存至前一组的第一个盘块号
中,这样,各组的第一个盘块号通过指针,形成了一条链。例如,第 1 组♯300 中保存了第
2 组的块号♯301～♯399、空闲盘块总数 100 和第 2 组的起始块号♯400,如图 7-11
所示。

③ 将第一组含有的盘块总数和该组所有盘块号,存放到空闲盘块号栈中,作为当前可供分配的空闲盘块号。例如,图 7-11 中左侧的空闲盘块号栈。

④ 最后一组只有 99 个可用盘块,其盘块号计入前一组中,且前一组中的记录下一组盘块号的盘块号设为"0",作为空闲盘块链的结束标志。例如,图 7-11 中的第 77 组和第 78 组。

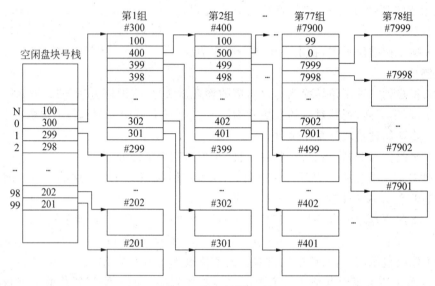

图 7-11　成组链接示意图

(2) 空闲盘块的分配与回收

空闲盘块分配过程如下:系统首先获取空闲盘块号栈中的空闲块数量,将其减 1。若减 1 后不为 0,则以此值作为指针在空闲盘块号栈中找到相应表项(即栈顶),其内容就是要分配的空闲盘块号;若减 1 后为 0,则表示当前空闲盘块组中仅剩 1 个空闲盘块(即到达栈底),此时取出表项中该空闲盘块号(设为 k),再把此盘块中所保存的下一组空闲盘块链接信息经缓冲区复制到空闲盘块号栈中,然后把当前空闲盘块 k 分配出去。

空闲盘块回收过程如下:系统首先将需要回收的盘块号记录在由空闲盘块号栈中所指示的表项中(即将新回收的盘块放入栈顶位置),然后空闲盘块数目加 1。若数目加 1 后达到 100,则表示此空闲盘块组已满,应把整个组经缓冲区复制到新回收的盘块中,然后将新回收的盘块号写入空闲盘块号栈中的第一个位置(即将刚回收的盘块号作为新的栈底),同时将空闲盘块数目置为 1。

7.4　文　件　目　录

计算机系统中存储了数量庞大、种类繁多的文件。为了有效地管理文件,方便用户检索到所需文件,需对文件进行适当的组织。文件的组织可以通过目录来实现。文件目录对文件系统非常重要,它直接影响了文件系统的性能。

7.4.1 基本概念

1. 文件控制块

为了方便管理,一个文件通常分为两部分:文件控制块(FCB)和文件体。文件体是指文件本身,即以文件形式存储的信息内容。文件控制块是指用于描述和控制文件的数据结构。文件与文件控制块一一对应。文件系统通过文件控制块,实现文件的管理与控制,包括文件的创建、修改和删除等操作。

文件控制块通常包含以下信息:

(1)文件名:指用于标识一个文件的符号名。系统中每个文件必须具有唯一的名字,用户可通过该名字进行文件操作。

(2)文件的物理位置:指文件存储在外存中的物理位置,包括存放文件的设备名、文件在外存上的起始盘块号、占用的盘块数量或字节数。

(3)文件逻辑结构:指该文件是字符流或记录文件。若为记录文件,则应说明是定长记录还是变长记录。

(4)文件的物理结构:指该文件属于顺序文件、链式文件或是索引文件。

(5)存取控制信息:指文件拥有者所具有的存取权限、核准用户的存取权限和一般用户的存取权限。

(6)使用信息:包括文件的建立日期和时间、上次修改的日期和时间,以及当前使用信息等。

如图 7-12 所示,给出了 MS-DOS 的文件控制块 FCB,其占用 32 个字节,包括文件名、文件的第一个盘块号、文件长度和日期时间等信息。

文件名	扩展名	属性	备用	时间	日期	第一块号	盘块数

图 7-12　MS-DOS 的文件控制块

2. 文件目录

文件目录是指存放与文件有关信息的一种数据结构,它是文件控制块的集合。文件目录中有多条记录,每条记录是一个文件的文件控制块信息,如文件名、起始地址等。由此可知,文件目录是文件名与文件的外存存储地址的映射关系。

用户可通过文件目录,实现文件名与其存储地址的转换。例如,用户存取指定文件时,系统根据文件名,查找该文件目录表,找到相应的目录项,通过存取权限验证后,根据文件存储的起始地址(即第一物理块号),访问相应的物理块,从而实现了"按名存取"。文件建立时,需在文件目录表中填入文件名及其他有关信息;文件删除时,需将其对应的目录项删除或改为空闲。

文件目录的管理通常具有以下要求:

(1)实现按名存取:用户只需提供所需访问的文件名,系统便能快速准确地找到指定文件在外存中的存储位置。按名存取是目录管理中最基本的功能,也是文件系统向用户提供的最基本的服务。

(2)提高检索速度:通过合理地组织文件目录的结构,可以加快文件目录的检索速度,以及文件的存取速度,这是大、中型文件系统所追求的主要目标。

（3）允许文件共享：系统应允许多个用户共享一个文件,这样只需在外存中保留一份该文件的副本,以节省大量的存储空间并方便用户使用。

（4）允许文件重名：系统应允许不同用户对不同文件取相同的文件名,以便于用户访问和使用文件。

3. 索引结点

由于文件控制块包含了大量的描述信息,当文件很多时,文件目录要占用大量的物理盘块,从而导致查找文件时,需多次启动外设从外存中读取文件目录。事实上,根据文件名检索文件目录时,只使用了文件目录中的文件名,不涉及其他相关信息。只有当找到指定的文件名后,才需从该目录项中读取该文件的物理地址。因此,为了提高检索速度,UNIX 系统采用了文件名与文件描述信息分开的方式。

索引结点（又称 i 结点）是指文件的描述信息,包含文件的类型、存取权限、物理地址、长度、存取时间和当前访问用户数目等。根据存放的位置,索引结点可分为磁盘索引结点和内存索引结点。每个文件有唯一的一个磁盘索引结点。内存索引结点是指文件打开时,需将磁盘索引结点装入到内存中。除以上信息外,内存索引结点还包含了结点编号、状态、访问计数和链接指针等有关信息。

引入索引结点后,文件目录中每个目录项仅由文件名和指向该文件对应的索引结点的指针所构成。由于包含的信息较少,每个物理盘块所容纳的目录项数量增多,故提高了目录检索速度。

7.4.2 文件目录结构

文件目录是文件实现按名存取的重要手段。文件目录的组织直接影响文件检索或查找的效率,进而影响文件系统的性能。文件目录主要有三种组织形式：一级目录、二级目录和树形目录。

1. 一级目录

一级目录是指为外存的所有文件设立一张如表 7-2 所示的目录表,其中每个表项表示一个文件。目录表项包括文件名、存储（物理）地址和其他属性,如文件长度、文件类型等。文件目录表通常存放在外存的某个固定区域,需要时系统将其全部或部分调入内存。由于结构简单,故一级目录也称单级目录,它在早期的文件系统和一些简单微机操作系统中普遍使用。

表 7-2 一级目录

文件名	物理地址	其他属性
File1	6	…
File2	20	…
File3	123	…
…	…	…

一级目录的组织方式下,文件的创建、删除和访问操作如下:

(1) 文件创建:系统创建一个新文件时,先确定新文件名在目录表中是否唯一。若不与已有的文件名冲突,则将新文件的相关信息填入目录表中。

(2) 文件删除:系统删除一个文件时,先检索目录表,找到该文件所对应的目录项,从中获取该文件的物理存储地址,回收其所占用的物理存储空间,再清除该文件所占用的目录项。

(3) 文件访问:系统访问一个文件时,先根据文件名,检索目录表,确定该文件是否存在。若存在,则获取该文件的物理存储地址,验证存取权限合法后,访问该文件;否则,显示文件不存在。

一级目录的组织方式具有以下特点:

(1) 结构简单易实现:整个系统只设置了一个文件目录,所有文件的操作都是通过该文件目录实现的。

(2) 不允许文件重名:一级目录下不允许多个文件拥有相同的名字,这非常不利于多用户系统。

(3) 查找效率较低:如果系统中的文件很多,则导致文件目录较大,按文件名逐个查找文件目录中的表项,需要花费大量时间,使得检索效率低下。

2. 二级目录

二级目录是指系统为每个用户建立一个单独的用户文件目录,并将文件目录分成主文件目录和用户文件目录两级,如图 7-13 所示。主文件目录记录各个用户文件目录的情况,其中每个目录表项对应一个用户,包含用户名及相应用户目录所在的存储地址等。用户文件目录记录该用户所建立的所有文件及其说明信息,其中每个目录表项对应一个文件,包含文件名、物理存储地址等。

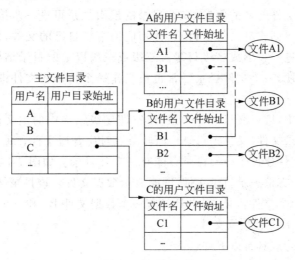

图 7-13　二级目录

在二级目录的组织方式下,文件的创建、删除和访问操作如下:

（1）文件创建：用户创建新文件时，系统先判断该用户是否为新用户，即检索主文件目录表，查找是否有该用户的相应目录表项。若未找到，则表示是新用户，先在主目录中为该用户分配一个表项，再为其分配存放用户文件目录的存储空间，然后在用户文件目录中为新文件分配一个用户目录表项，将新文件的相关信息添加至该目录表项。

（2）文件删除：用户删除文件时，系统只需在该用户文件目录中删除该文件的目录项。若表项删除后，该用户目录表为空，则表明该用户已脱离了系统，可将主文件目录表中对应该用户的目录项删除。

（3）文件访问：系统先根据用户名，检索主文件目录，获取该用户的用户文件目录，然后再根据文件名，检索其用户文件目录，查找相应的目录项，从中获取该文件的物理存储地址，进而实现相关的文件操作。

二级目录的组织方式具有以下特点：

（1）查找效率较高：若系统有 n 个用户，每个用户最多有 m 个文件，那么检索指定的文件，二级目录结构中最多只需检索 $m+n$ 项，而一级目录结构中最多需要检查 $m \times n$ 项。

（2）文件可重名：由于系统中每个用户具有各自的用户目录，他们可以使用相同的文件名，只要在自己的用户文件目录中不重名即可。虽然二级目录结构解决了不同用户之间文件同名的问题，但是同一用户的文件名不能相同。

（3）文件可共享：不同的用户只需在各自的用户目录表中，设置指向同一个文件的物理存储地址，就可以实现文件共享功能。

（4）实现文件保护：用户可对自己的用户文件目录设置口令，保护该用户目录下的文件，不被非法访问。

3. 树形目录

为了解决用户文件同名的问题，二级目录的层次关系可进一步推广。具体地，如果二级目录中允许用户创建自己的子目录，并相应地组织自己的文件，便可形成三级目录结构，以此类推，可进一步形成多级目录。三级或三级以上的目录结构通常称为树形目录结构。为管理方便，一个文件目录经常也被当作一个特殊的文件进行处理，这种文件称为目录文件。

树形目录结构中，第一级目录称为根目录（即二级结构中的主文件目录），目录树中的非叶节点均为目录文件（又称子目录），而叶节点对应普通文件。每个文件目录只能有一个根目录，每个文件或每个（子）目录只能有一个父目录。如图 7-14 所示，给出了树形结构目录示例，其中方框表示目录文件，圆圈表示数据文件。该目录结构中，主（根）目录有 A、B 和 C 三个用户文件目录，用户 B 又有一个数据文件 B1 和三个子目录 PB1、PB2、PB3，各子目录下又有多个数据文件。

采用多级目录管理具有以下特点：

（1）层次结构清晰：可将不同类型的文件组织在不同的子目录下，便于查找和管理；不同层次或不同用户的文件可被赋予不同的存取权限，有利于文件保护。

（2）可实现文件重名：允许不同的用户使用相同的名字命名文件，且同一个用户可

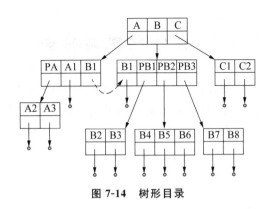

图 7-14　树形目录

在不同的目录中使用相同的名字。

（3）检索效率高：由于文件的检索过程由目录比较和文件比较两个步骤组成，而目录的层次很少，且每个目录中文件数量也较少，故树形结构目录的检索效率较高。

树形结构目录中，从根目录到任何数据文件都只有一条唯一的通路。文件的路径名是指从根目录（即主目录）出发，直到所指定的文件，所经过的各目录名，依次用分隔符（"\"或"/"）连接起来而形成的字符串。从根目录出发的路径称为绝对路径。

若目录的层次较多，则每次访问一个文件，都要从根目录出发，途径各个子目录，直到指定的文件（即树叶）为止，需花费较多时间。由于用户在一段时间内，所访问的文件大多仅局限于某个范围。当前目录（又称工作目录）是指用户当前正在进行文件处理的文件目录。设置了当前目录后，用户需要访问某个文件时，只需给出从当前目录出发，逐级经过中间的目录文件，最后到达指定文件。从当前目录出发到指定文件的路径称相对路径。采用相对路径可缩短搜索路径，进而提高搜索速度。

树形结构目录中，各个子目录可看作一种特殊的文件。因此，目录的操作与管理也可以采用相似的方式。子目录的操作主要有以下几种：

（1）创建目录：用户可在自己的文件目录中，创建子目录及其子子目录等。用户创建一个新文件时，先查看自己的文件目录及其子目录中是否有与新文件相同的文件名，若没有，则在文件目录或子目录中增加一个新的目录项。

（2）删除目录：若目录不再需要时，则可予以删除。目录删除前，先判断该目录是否有数据文件；若没有，则可直接删除，使其上一级目录中对应的目录项为空。若目录不空，则有两种处理方式，即不允许删除该目录，或是删除该目录下的数据文件后，再删除该目录。

（3）改变目录：若用户需要更改工作目录或当前目录，则可通过指定目录的绝对或相对路径名设置当前工作目录。

（4）移动目录：若用户需要移动某个目录到另外位置，则只需更改对应的上一级文件目录项即可，目录移动后，文件的路径名也将随之改变。

（5）查找目录：用户可以从根目录或当前目录位置开始查找指定的目录或数据文件。查找时，可采用精确匹配或局部匹配方式检索指定的目录名或文件名。

7.5　文件共享与安全

　　系统中如果每个文件只能被一个用户使用,那么多个用户访问同一个文件时,必须保存或复制具有相同内容的多个副本,这将导致存储空间的极大浪费,由此产生了文件的共享问题。文件的共享带来了极大的方便与好处,但也伴随着潜在的不安全性问题,为此系统应考虑文件的安全性问题。

7.5.1　文件共享

　　文件共享是指一个文件可以被多个用户共同使用。文件的共享不仅可以节省大量的存储(内存和外存)空间,而且还可以减少输入输出操作,同时也为用户之间的合作提供了便利条件。尽管同一文件可被多个用户使用,但并不意味着用户可以不加限制地随意使用文件,如修改、删除文件等,否则,文件的安全性和保密性将无法得到保证。因此,文件的共享是有条件的,必要时需加以控制。

　　根据共享访问性质,文件的共享可分为两种方式:互斥访问和共享访问。

　　(1) 互斥访问:一个共享文件任何时刻只允许一个用户访问使用,也就是说,虽然文件可共享使用,但一次只能由一个用户使用,其他用户必须等到当前用户使用结束,并将该文件关闭后才能使用。这种共享访问性质类似于互斥访问的临界资源。

　　(2) 共享访问:允许多个用户同时使用同一个共享文件。这种共享方式常用于文件的读操作。尽管多个用户可同时读共享文件,但是为了保护文件信息的完整性,防止文件受到不必要的破坏,不允许多个用户同时打开文件后进行写操作,或同时进行读、写操作。

　　实现文件共享的方法有很多,常用的共享方法有绕道法、链接法、基本文件目录法。

　　(1) 绕道法:指若所访问的共享文件不在当前目录时,则从当前目录出发,向上级目录回溯,直到与共享文件所在路径的交叉点,再沿该路径往下,直到找到共享文件。绕道法要求用户指定共享文件的路径,访问时需回溯多级目录,因而检索效率较低。

　　(2) 链接法:指通过链接指针方式,将文件目录中的目录项(访问者),直接指向共享文件所对应的目录项(被访问者)。该方法在具体实现过程中,文件说明信息中应该包括"链接属性"和"用户计数",其中链接属性用于说明其对应的物理地址是数据文件,还是共享文件的目录项指针,而用户计数则用于表示共有多少用户需要使用该文件。当没有用户需要此文件时,即用户计数为0,系统可删除此文件。

　　(3) 基本文件目录法:将文件目录分为两部分:符号文件目录表 SFD 和基本文件目录表 BFD,其中符号文件目录表用于记录文件的说明信息,如文件存放的物理地址、存取控制信息和管理信息等,以及由系统赋予唯一的内部标识符;而基本文件目录表则由用户给出的符号名和系统赋予的内部标识符组成。文件共享时,用户只需在相应的目录文件中增加一个目录项,并将一个符号名及被共享文件的标识符保存其中即可。图 7-15 给出了采用基本文件目录的文件共享示例图,其中主目录有两个用户目录,ID 为 3 和 4 时

分别为 Zhang 和 Wang 的符号文件表(即用户文件目录),ID＝8 为子目录 sd 的符号文件
表。Zhang 和 Wang 共享了 ID 分别为 5 和 6 的两个文件。

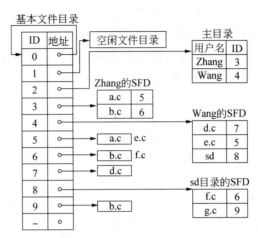

图 7-15　基本文件目录的文件共享

7.5.2　文件安全

　　文件的共享虽然给用户带来了极大的方便,但也存在着一定的危险。为了保证文件
的安全性,文件系统必须提供文件的安全管理机制。文件安全是指避免合法用户有意或
者无意的错误操作破坏了文件,或非法用户访问文件。文件安全体现在文件保护与文件
保密两个方面,其中文件的保护是指文件的拥有者或其他用户破坏文件内容,而文件的
保密是指未经文件拥有者的许可,任何用户均不得访问该文件。影响文件安全性的主要
因素有:

　　(1)人为因素:指用户有意或者无意的行为破坏了文件,使得数据损坏或丢失。

　　(2)系统因素:系统出现异常情况,造成数据的破坏或丢失,特别是数据存储介质出
现故障或损坏,会对文件系统的安全性造成影响。

　　(3)自然因素:指存放在外存的数据,随着时间的推移而发生溢出或逐渐消失。

　　为了确保文件系统的安全性,系统可采取以下措施:

　　(1)通过存取控制机制,防止由人为因素引起的文件不安全性。

　　(2)通过系统容错技术,防止由系统部分的故障所造成的文件不安全性。

　　(3)通过数据备份技术,防止由自然因素所造成的不安全性。

　　随着信息技术的发展,文件的安全性主要体现在存取控制方面。具体而言,存取控
制机制应做到以下几点:

　　(1)对于拥有权限的用户,应保证其能进行文件操作。

　　(2)防止没有权限的用户,对文件进行相关操作。

　　(3)防止用户冒充其他用户对文件进行相关操作。

　　(4)防止合法的用户对文件进行误操作。

　　为此,用户在进行文件存取操作前,系统应由存取控制验证模块,先验证用户及其操

作的合法和有效性。原则上,验证过程可分三个步骤:

(1) 审定用户的权限。

(2) 比较用户权限和本次存取要求是否一致。

(3) 比较存取要求和被访问文件的保密性是否有冲突。

存取控制在具体实现过程中,可采取许多不同的方案。常用的存取控制方法有存取控制矩阵、存取控制表、口令和密码等。

1. 存取控制矩阵

存取控制矩阵是指利用一个二维矩阵来描述文件的存取控制权限,其中矩阵的行为文件名,列为用户,每一表项表示用户对文件具有的存取权限,如图7-16所示。用户的存取权限一般为读(Read)、写(Write)和执行(eXecute)。用户存取文件时,系统的存取控制验证模块将用户本次的存取要求与存取控制矩阵进行比较,如果存取权限不匹配,就拒绝用户存取的请求。

存取控制矩阵容易实现,但文件或用户较多时,存取矩阵需占用大量的存储空间,此外,检索矩阵的时间开销也较大。因此,实际应用中通常施加辅助措施,以减少时间和空间开销。

文件	用户			
	Zhang	Li	Wang	…
A.c	RW	WX	R	…
B.c	RWX	X	RX	…
C.c	W	RW	X	…
D.c		X	RWX	…
…	…	…	…	…

图 7-16　存取控制矩阵

2. 存取控制表

一般情况下,大多数文件只允许少量用户具有某种存取权限,因而,存取控制矩阵中大部分元素均为空,导致存取控制矩阵是稀疏的。为此,可对矩阵的行或列进行压缩,只保留具有权限的元素,从而节省时间、空间开销。

存取控制表是指针对每个文件,采用表格形式,记录各类用户对该文件的存取权限。如表7-3所示,给出了文件a.c的存取控制表,其中文件拥有者具有读、写和执行权限,而与拥有者同组的用户具有读和执行权限。

表 7-3　文件 a.c 的存取控制表

用户类别	权限	用户类别	权限
拥有者	{RWX}	其他用户	{X}
同组用户	{RX}		

由于其简单易实现,存取控制表在现代操作系统中也有着广泛应用,如Linux系统就采用存取控制表实现文件的存取访问。Linux采用10个比特位,表示某个文件的存取属性,其中第1位为文件类型(符号-、d、l和b/c分别表示普通、目录、链接和设备文件),2~4位为拥有者的权限,5~7位为同组用户的权限,8~10位为其他用户的权限。假设,某个文件的属性是"-rwx r-x --x",表示该文件是普通文件,文件拥有者具有读、写和执行

权限;同组用户具有读和执行权限;其他用户只有执行权限。

3. 口令

实施存取控制的另一种方法是口令。通过口令访问系统通常存在两种情况:

(1) 系统访问:口令是为用户取得系统访问权限而设置的。用户进入系统时,需输入口令,系统审核输入的口令是否与原先设置的口令相符。若相符,则允许用户进入系统,否则拒绝用户进入系统。

(2) 文件存取:口令是为用户取得文件的存取权限而设置的。用户创建文件时,为该文件设置访问口令,并存放于文件说明中。任何用户使用该文件时,只有输入正确的口令,才可以访问该文件。

设置口令的方法实现简单、存储空间小,但是,其可靠性差,一旦泄露,则无法实现文件保护;存取控制改变不方便,若口令改变,则需要重新将口令通知给相关用户;不能控制存取权限,用户要么具有与拥有者相同的权限,要么不能访问。

4. 加密

加密是实现文件保护和文件保密的另一种方式。用户创建文件时,采用密码和某种编码策略,对文件信息进行编码加密处理。用户读取文件时,需先对文件内容进行译码解密。因此,只有能够进行译码解密的用户才能读取加密文件的信息,从而达到文件保密的目的。

文件的编码加密和译码解密过程由系统存取控制验证模块来承担。加密程序根据用户提供的代码关键字,将文件信息进行编码转换,随后写入存储设备中。读取文件时,解密程序根据用户提供的代码关键字,将文件信息进行译码转换,还原为原始文件。加密后的文件尽管可能被其他用户窃取,但得到的是无法识别的数据,除非有了正确的代码关键字和编码方式,才能正确读取文件信息。

加密解密技术具有保密性强,节省存储空间的优点,但需花费大量的编码和译码时间,增加了系统开销。

实际系统中,通常把几种方法结合起来使用,充分发挥各自的优势,实现文件的安全性。

7.6 文 件 操 作

为便于用户灵活地使用和控制文件,文件系统提供了一组与文件操作相关的系统调用命令或函数。基本的文件操作命令或函数包含文件的创建、打开、关闭、读/写和删除等。下面简单介绍这几种文件操作。

1. 文件创建

用户将信息以文件形式存放到存储介质时,应向系统提出文件创建请求,系统接收到文件创建请求后,按以下步骤完成文件创建过程:

（1）根据用户提供的新文件名，查找该用户的文件目录，判断目录中是否存在该文件名，若存在，则创建失败。

（2）在用户文件目录 UFD 和用户当前工作的文件目录 UOF 中，获取一个空白的目录项，将新文件信息如文件名、长度和属性等填入该空白目录项。

（3）将当前工作的文件目录 UOF 中对应的目录项中文件的状态标记为创建状态。

（4）从外存中找到空闲存储空间，分配给该新文件，并将第一个物理盘块号作为物理起始地址，保存到用户目录的对应目录项中。

若以上步骤正常完成，则文件创建成功。

2. 文件打开

用户在访问一个文件之前，必须先打开文件。系统接收到文件打开的请求后，按以下步骤完成文件打开过程：

（1）根据用户提供的文件名，查找该用户的文件目录 UFD，判断目录中是否存在该文件名，若目录中不存在该文件名，则文件打开失败。

（2）查找用户当前工作的用户目录 UOF，判断该文件是否存在；若存在，再判断是处于打开状态，还是创建状态。若为创建状态，则提示文件正在创建，不能打开；若为打开状态，则提示文件已打开。

（3）判断文件的属性及操作类型是否相符，若不相符，则文件打开失败。

（4）根据对应目录项中的文件物理地址，将文件装入内存。如果是索引文件，还需将该文件的索引表装入到内存。

（5）修改用户当前工作的文件目录 UOF，将该文件的相关信息登记其中。

若以上步骤正常完成，则文件打开成功。

3. 文件读写

用户若需读或写文件记录时，应向系统提出文件读写请求，并给出相关参数，如文件名和需读写的逻辑记录号等。系统接收到文件读写的请求后，按以下步骤完成文件读写过程：

（1）根据用户提供的文件名，查找该用户的文件目录 UFD，判断目录中是否存在该文件名。若目录中不存在，则文件读写失败。

（2）查找该用户的当前工作的文件目录 UOF，判断文件是已打开，还是处于创建状态。若处于创建状态，则文件读写失败。

（3）对于写操作，需判断文件是否为只读属性，若是，则文件写失败。

（4）根据对应目录项中的文件物理地址，将文件装入内存。

（5）按逻辑记录号，查找索引表，获得记录存放的物理地址后，按地址将该记录读出。

（6）若是写操作，则申请一空闲存储块，将记录存放其中，并将该存储块号保存至该文件的索引表中的空白项中。

若以上步骤正常完成，则文件读写成功。

4. 文件关闭

任何一个文件在创建、打开或读写操作完成之后,应执行文件关闭操作,以便于其他用户访问该文件。文件关闭后,不能再使用;若还需要再使用,则必须再次执行文件打开操作。用户提出文件关闭请求后,系统按以下步骤完成文件关闭过程:

（1）根据用户提供的文件名,查找该用户的当前工作的文件目录 UOF。

（2）若不在当前工作的目录中,则查找用户目录 UDF,判断是否存在该文件名。若目录中不存在该文件名,则提示文件不存在,否则则提示文件已关闭。

（3）判断文件是否处于创建状态,若是,则置相关结束标志。

（4）检查内存中的该文件对应的文件目录或索引表是否被修改,若已修改,还需将修改内容保存至对应地址。

（5）将该文件从当前工作的文件目录中移除。

若以上步骤正常完成,则文件关闭成功。

5. 文件删除

用户若不再需要存储某个文件,则可对其进行删除操作,以撤销其相关信息,并将其存储空间回收。用户提出文件删除请求后,系统按以下步骤完成文件关闭过程:

（1）根据用户提供的文件名,查找该用户的文件目录,判断目录中是否存在该文件名,若不存在,则提示文件已撤销。

（2）查找用户的当前工作目录,判断文件当前是已打开,还是处于创建状态。若是已打开,则应关闭该文件,从当前工作目录中撤销其对应的目录项。

（3）根据用户目录中该文件对应的目录项,获取文件的存储地址,回收该文件所占用的存储空间。

（4）从用户目录中,撤销该文件对应的目录项。

若以上步骤正常完成,则文件删除成功。

以上五种操作中,文件的创建、打开和关闭是文件系统的特殊操作,其中文件的打开和创建是用户申请对文件的使用权,只有当系统验证使用权通过后,用户才能使用文件;而文件关闭则是归还文件的使用权。为了保证文件的正确管理,文件操作应遵循一定的规则,如文件读写前,必须先打开文件;文件打开后,直至关闭前,不允许其他用户使用;文件删除前,必须先关闭文件,正在使用的文件不允许被删除。

习　　题

1. 为什么要引入打开文件和关闭文件两个操作?

2. 文件目录的作用是什么? 文件目录项通常包含哪些内容?

3. 链接式结构的物理文件有几种链接方法? 各有什么特点?

4. 什么是文件的逻辑结构? 它有哪几种组织方式?

5. 什么是文件的物理结构? 它有哪几种组织方式?

6. 文件目录管理的基本要求有哪些？

7. 简述文件存储空间的管理方法。

8. 简述实现文件安全的方法。

9. 为加快文件目录的检索速度，在实现文件系统时可利用"文件控制块分解法"。假设目录文件存放在磁盘上，每个盘块为 512B，文件控制块占 64B，其中文件名占 8B。通常将文件控制块分解成两部分，第一部分占 10B(包括文件名和文件内部号)，第二部分占 56B(包括文件内部号和文件其他描述信息)。假设某一目录文件共有 254 个文件控制块，试分别给出采用分解法前、后，查找该目录文件某一文件控制块的平均访问磁盘次数。

10. 文件目录和目录文件各起什么作用？目前广泛采用哪种目录结构形式？它有什么优点？

11. 在文件系统中对磁盘空间可采用连续分配方案，该方案类似于内存分区分配技术。请注意：辅存设备的碎片问题可以通过整理磁盘命令而消失，但一般的磁盘并没有重定位寄存器，试问如何对文件进行重定位？

12. 文件系统采用多重结构搜索文件内容。设块长为 512B，每个块号占 3B。如果不考虑逻辑块号在物理块中所占的位置，分别求二级索引和三级索引时可寻址的文件最大长度。

13. 假定磁盘块大小为 1KB，磁盘空间的管理采用文件分配表 FAT，对于一个 512 MB 的硬盘，需要占用多少磁盘空间？当磁盘空间变为 1GB 时，FAT 表将占用多少磁盘空间？

14. 假设某文件为链接文件，由 5 个逻辑记录组成，并依次存放在 50、121、75、80 和 63 号磁盘块(逻辑记录大小与磁盘块大小相同，均为 512 字节)。若要存取文件的第 1569 逻辑字节处的信息，试问需要访问哪个磁盘块？

15. 如果一个索引结点为 256B，指针长 4B，状态信息占 68B，且每块大小为 16KB。试问在索引结点中有多大空间给指针？使用直接、间接、二次间接和三次间接指针分别可表示多大的文件？

16. 磁盘有一个连接文件 A，它有 10 个记录，每个记录的长度为 256 字节，存放在 5 个磁盘块中，每个盘块放两个记录，如表 7-4 所示。若要访问该文件的第 1573 字节，应访问哪个盘块的哪个字节？要访问几次磁盘才能将该字节的内容读出？

表 7-4　物理块号连接指针

盘块序号	物理块号连接指针
1	57
2	714
3	144
4	410
5	100

参 考 文 献

[1]　周长林,左万历. 计算机操作系统教程[M]. 北京：高等教育出版社,1994.

[2]　汤小丹,梁红兵,哲凤屏,等. 计算机操作系统[M]. 西安：西安电子科技大学出版社,2007.

[3]　孙钟秀. 操作系统教程[M]. 4 版. 北京：高等教育出版社,2008.

[4]　陈向群,杨芙清. 操作系统教程[M]. 北京：北京大学出版社,2004.

[5]　张尧学,史美林. 计算机操作系统教程[M]. 北京：清华大学出版社,2000.

[6]　庞丽萍. 计算机操作系统[M]. 北京：人民邮电出版社,2010.

[7]　黄刚,徐小龙,段卫华. 操作系统教程[M]. 北京：人民邮电出版社,2009.

[8]　魏衍君,宁玉梅. 操作系统[M]. 武汉：武汉大学出版社,2012.

[9]　李芳,刘晓春,李晓莉. 操作系统原理与实例分析[M]. 北京：清华大学出版社,2007.

[10]　吴小平,罗俊松. 操作系统[M]. 北京：机械工业出版社,2011.